全国中等职业学校数控加工类专业理实一体化教材
全国技工院校数控加工类专业理实一体化教材（中级技能层级）

钳工工艺与技能

（第二版）

孙喜兵◎主编

中国劳动社会保障出版社

简介

本书主要内容包括钳工基本知识、划线、锯削、锉削、孔加工及螺纹加工、综合加工等。本书由孙喜兵任主编，徐小燕任副主编，赵钱、魏小兵、周青参加编写，高连勇任主审。

图书在版编目（CIP）数据

钳工工艺与技能 / 孙喜兵主编. -- 2 版. -- 北京 : 中国劳动社会保障出版社，2024

全国中等职业学校数控加工类专业理实一体化教材　全国技工院校数控加工类专业理实一体化教材. 中级技能层级

ISBN 978-7-5167-6001-7

Ⅰ. ①钳…　Ⅱ. ①孙…　Ⅲ. ①钳工 - 工艺 - 中等专业学校 - 教材　Ⅳ. ①TG9

中国国家版本馆 CIP 数据核字（2024）第 075784 号

中国劳动社会保障出版社出版发行

（北京市惠新东街 1 号　邮政编码：100029）

*

保定市中画美凯印刷有限公司印刷装订　　新华书店经销

787 毫米 ×1092 毫米　16 开本　9.25 印张　175 千字

2024 年 6 月第 2 版　　2024 年 6 月第 1 次印刷

定价：24.00 元

营销中心电话：400-606-6496

出版社网址：http://www.class.com.cn

http://jg.class.com.cn

前　言

为了更好地适应全国技工院校数控加工类专业的教学要求，全面提升教学质量，人力资源社会保障部教材办公室组织全国有关学校的骨干教师和行业、企业专家，在充分调研企业生产和学校教学情况，广泛听取教师对教材使用反馈意见的基础上，对全国技工院校数控加工类专业理实一体化教材（中级技能层级）进行了修订。

本次教材修订工作的重点主要体现在以下几个方面：

第一，更新教材内容，体现时代发展。

根据数控加工类专业毕业生所从事岗位的实际需要和教学实际情况的变化，合理确定学生应具备的能力与知识结构，对部分教材内容及其深度、难度做了适当调整。

第二，反映技术发展，涵盖职业技能标准。

根据相关职业和专业领域的最新发展，在教材中充实新知识、新技术、新设备、新工艺等方面的内容，体现教材的先进性。教材编写以国家职业技能标准为依据，内容涵盖钳工、车工、铣工、电切削工等国家职业技能标准的知识和技能要求。

第三，精心设计形式，激发学习兴趣。

在教材内容的呈现形式上，尽可能利用图片、实物照片和表格等形式将知识点生动地展示出来，力求让学生更直观地理解和掌握所学内容。针对不同的知识点，设计了许多贴近实际的互动栏目，以激发学生的学习兴趣，使教材“易教易学，易懂易用”。

第四，开发配套资源，提供教学服务。

本套教材配有学生指导用书和方便教师上课使用的多媒体电子课件，可以通过技工教育网（http：//jg.class.com.cn）下载。另外，在部分教材中使用了二维码技术，针对教材中的教学重点和难点制作了动画、视频、微课等多媒体资源，学生使用移动终端扫描二维码即可在线观看相应内容。

第五，升级印刷工艺，提升阅读体验。

部分教材将传统黑白印刷升级为四色印刷，提升学生的阅读体验，使教材中的插图、表格等内容更加清晰、明了，更符合学生的认知习惯。

本次教材的修订工作得到了江苏、山东等省人力资源和社会保障厅及有关学校的大力支持，在此我们表示诚挚的谢意。

人力资源社会保障部教材办公室

2023年12月

目　录

项目一
钳工基本知识

任务一 认识钳工

学习目标

1. 能描述钳工的工作任务和工作环境。
2. 能列举钳工常用的设备并描述相关安全文明生产常识。
3. 能描述钳工的基本技能。

任务描述

随着机械工业的发展，许多繁重的工作已被机械加工所代替，但有些精度高、形状复杂工件的加工以及设备的安装、调试与维修是机床切削加工难以完成的，这些工作仍需靠钳工精湛的技艺完成。因此，钳工是机械制造业中不可缺少的工种。

人们利用手工工具可以从事机械零件的加工、机器的装配与调试、设备的安装与维修、模具的制造与修理等工作，如图 1-1 所示为利用手工工具进行机械装调工作。

图 1–1　机械装调

本任务是通过参观钳工实训车间，熟悉钳工的工作环境，了解钳工的工作任务，认识钳工常用的设备和工具。

相关理论

一、钳工的工作任务

1. 工件的加工及检验

一些采用机床切削加工不适宜或不能解决的加工工作，都可由钳工来完成，如工件加工过程中的划线、刮削、研磨、锯削、锉削以及检验和修配等，如图 1-2 所示。

a)

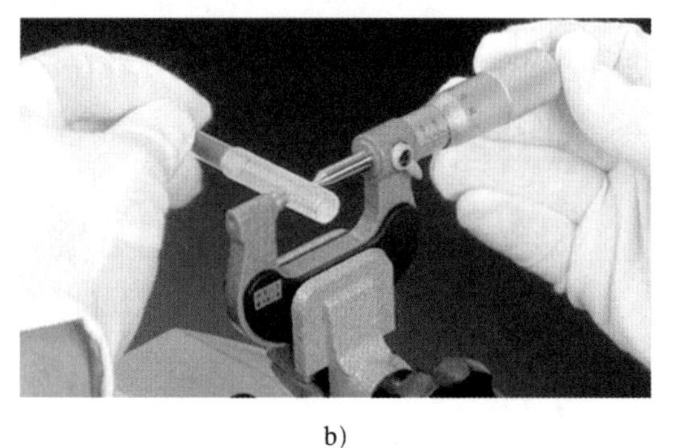

b)

图 1-2　工件的加工及检验

a）锯削　b）检验

2. 装配

装配是指把零件按机械设备的装配技术要求进行组件装配、部件装配和总装配，并经过调整、检验及试车等，使之成为合格的机械设备。如图 1-3 所示为车床主轴的装配。

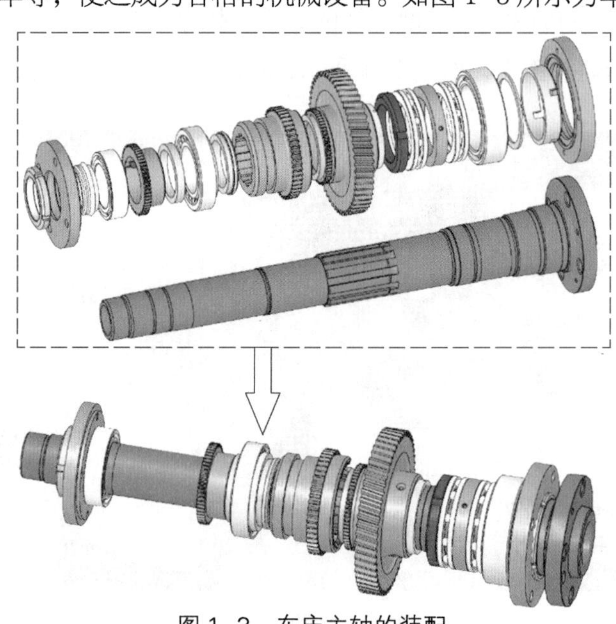

图 1-3　车床主轴的装配

3. 维修设备

当机械设备在使用过程中发生故障、出现损坏或长期使用后精度降低而影响使用时，要通过钳工进行维护及修理。如对图 1-4 所示的车床主轴箱进行维修。

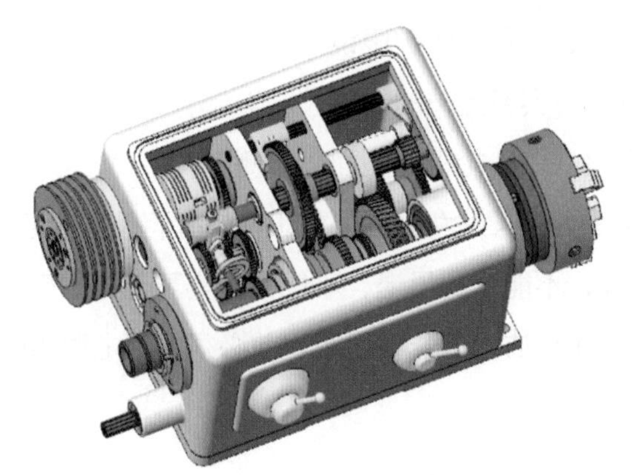

图 1-4　车床主轴箱

4. 制造及修理工具

钳工的工作任务还包括制造及修理各种工具和各种专用设备，如图 1-5 所示。

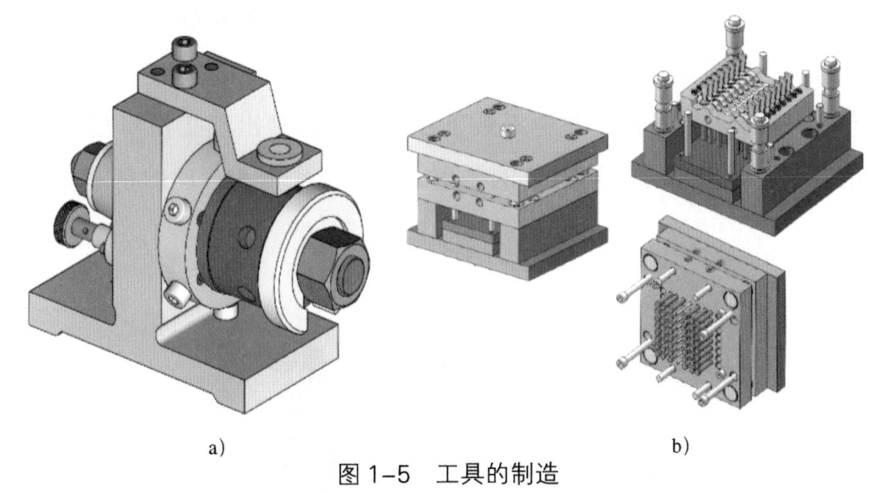

a)　　b)

图 1-5　工具的制造

a）夹具　b）模具

二、钳工的基本技能

作为一名合格的钳工，必须掌握好钳工的各项基本操作技能，具体包括划线、錾削、锯削、锉削、钻孔、扩孔、锪孔、铰孔、攻螺纹、套螺纹、矫正与弯形、铆接、刮削、研磨、机器装配及调试、设备维修、测量和简单热处理等。

三、实习场地的安全文明生产常识

1. 工具和量具应按次序排列，左手边放工具，右手边放量具。

2. 量具不能与工件和工具混放。

3. 量具使用完毕应及时擦拭干净，并涂油防锈。

4. 实习场地应经常保持整洁。

5. 不得在砂轮间内打闹。

6. 在砂轮间内操作时必须戴上防护眼镜。

7. 不准在砂轮上磨削与实习无关的物品。

8. 刃磨刀具时，必须站在砂轮机的侧面或斜侧面。

9. 在钻孔时不能戴手套，长发女生需要戴工作帽并将头发束起后塞入帽中。

10. 实习时不能串岗，不能迟到早退，不能做与实习无关的事情。

11. 注意保持实习场地整洁，离开实习场地前必须关闭电源和门窗。

任务实施

一、入场准备

1. 着装规定

如图 1-6a 所示，工作时必须穿好工作服，袖口、衣服要扣好，要做到“三紧”（即袖口紧、领口紧、下摆紧）。女生不允许穿凉鞋、高跟鞋，长发女生还应戴好工作帽，如图 1-6b 所示。穿着便装或长发女生不戴工作帽，很容易出现工伤事故，如图 1-7 所示。规范的着装，是安全与文明生产的要求，也是现代企业管理的基本要求，代表着企业的形象。

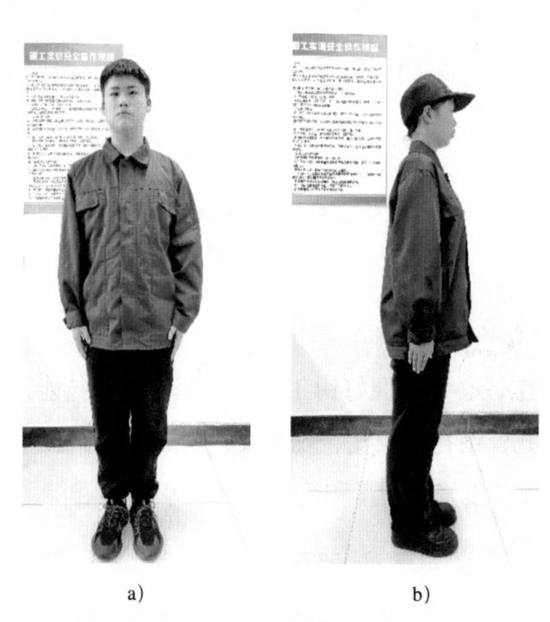

a)　　b)

图 1-6　工作服的穿戴

a）穿好工作服　b）女生戴好工作帽

图 1–7　不规范着装的危害

2. 安全生产教育

每个企业、车间，各个工种、岗位都有安全与文明生产的具体要求和各项规章制度，在实施作业前，应当认真学习，并在工作中加以贯彻执行，以确保安全与文明生产。

进入生产现场参观时应做到以下几点：

（1）服从带队教师指挥，按预案（如参观项目、路线、时间、地点等）有序参观。

（2）严禁擅自动手触摸设备和工件。

（3）在人行通道行走时，严禁擅自越线进入操作区域。

二、参观钳工工作场地并观摩基本操作

1. 参观钳工工作场地，认识主要设备

钳工工作场地（见图 1-8）的实训设备主要有钳工工作台、台虎钳、砂轮机、各种钻床等。钳工大多是在钳工工作台上用手工工具对工件进行加工。

图 1–8　钳工工作场地

钳工工作台又称钳桌，是钳工专用的工作台，用于安装台虎钳并放置工件、工具、量具等，如图 1-9 所示。

钻床是用来对工件进行孔加工的设备，有台式钻床、立式钻床和摇臂钻床三种，如图 1-10 所示。在钳工工作场地广泛使用的是台式钻床。

砂轮机主要用于磨削刀具或工具，也可用来修磨小型工件，如图 1-11 所示。

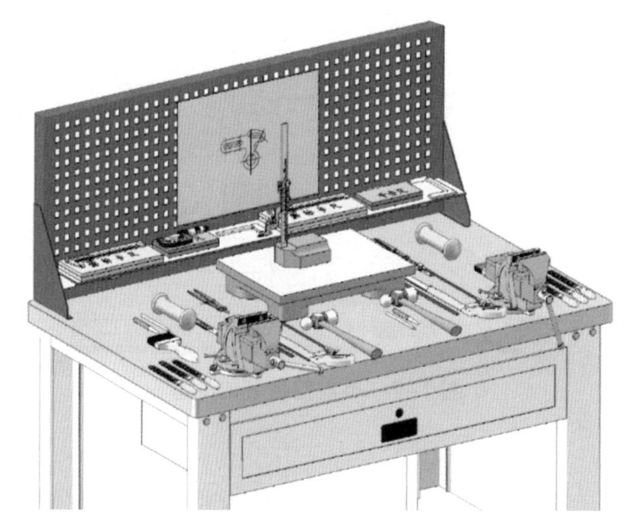

图 1–9　钳工工作台

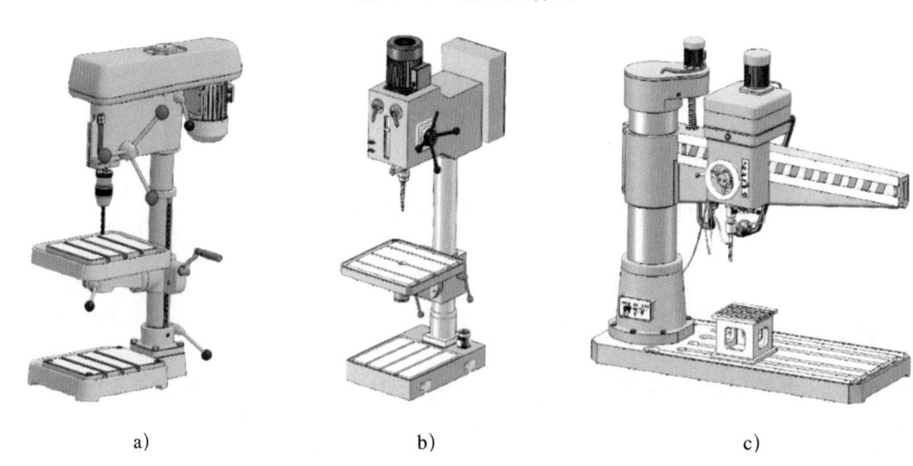

a)　　b)　　c)

图 1–10　钻床

a）台式钻床　b）立式钻床　c）摇臂钻床

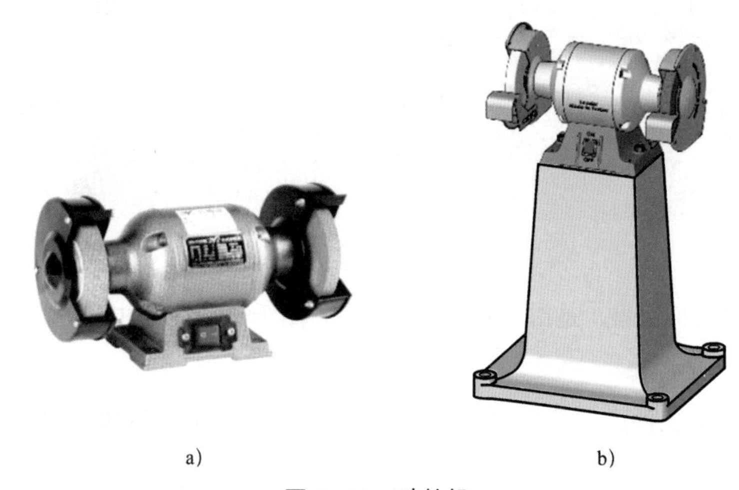

a)　　b)

图 1–11　砂轮机

a）台式砂轮机　b）立式砂轮机

2. 观摩钳工基本操作

钳工基本操作见表 1-1。

表 1-1　钳工基本操作

基本操作	图示	技能描述
划线	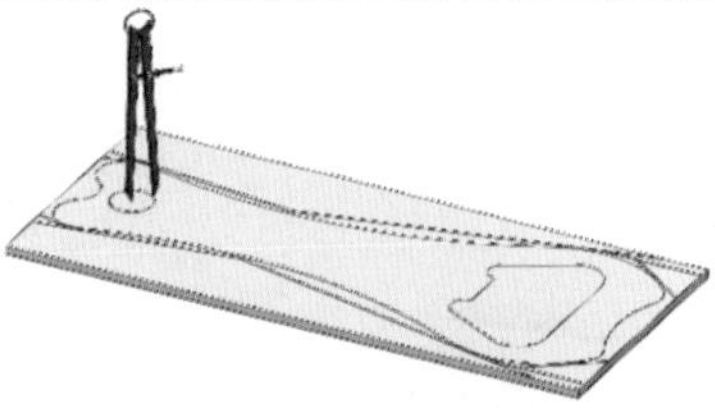	根据图样的尺寸要求，用划线工具在毛坯或半成品上划出待加工部位的轮廓线或基准的操作方法
錾削		用锤子打击錾子对金属材料进行切削加工的操作方法
锯削	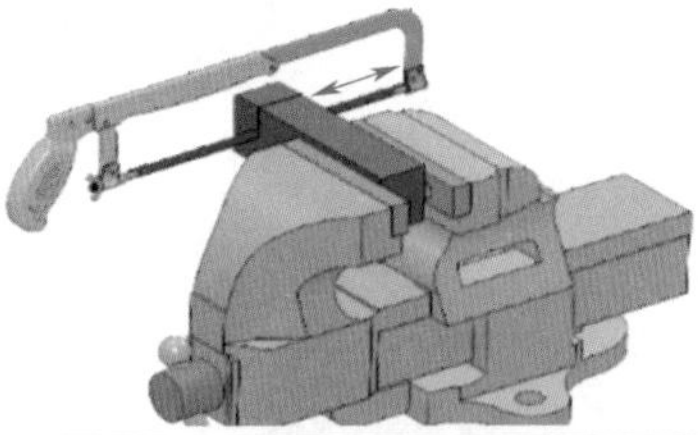	利用锯条锯断金属材料（或工件）或在工件上锯槽的操作方法
锉削	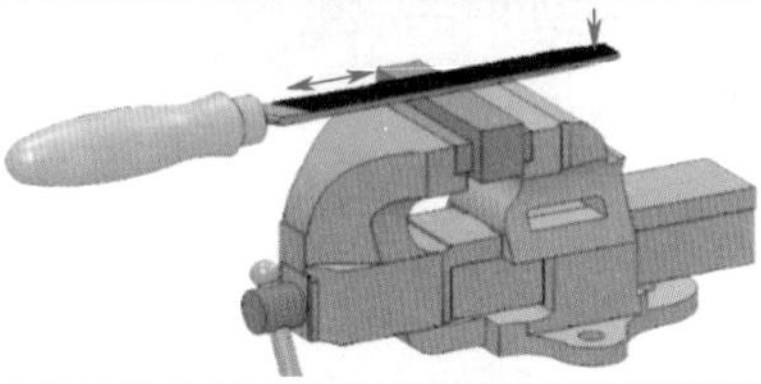	用锉刀对工件表面进行切削加工，使其达到图样要求的加工方法
钻孔、扩孔和锪孔	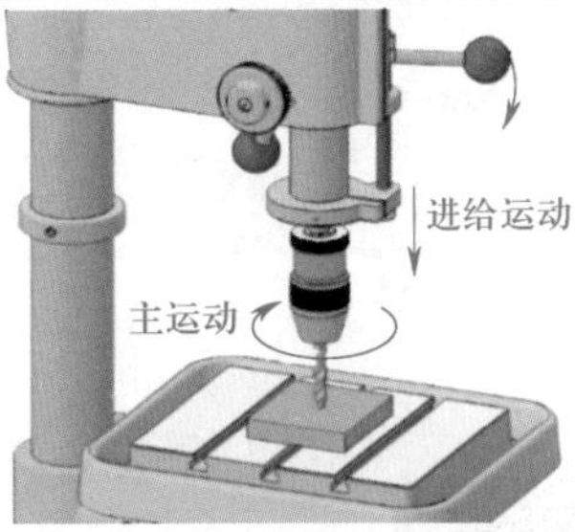 进给运动 主运动	钻孔：用钻头在实体材料上加工孔的方法 扩孔：用扩孔工具扩大已加工孔的方法 锪孔：用锪钻在孔口表面锪出一定形状的孔或表面的方法
铰孔	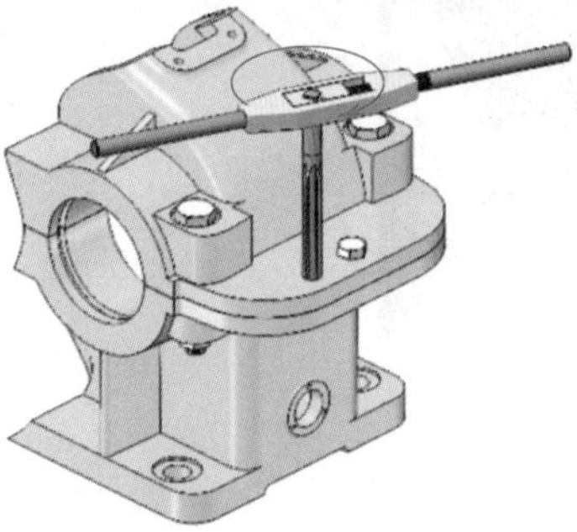	用铰刀从工件孔壁上切除微量金属层，以提高孔的尺寸精度和表面质量的加工方法

续表

基本操作	图示	技能描述
攻螺纹和套螺纹	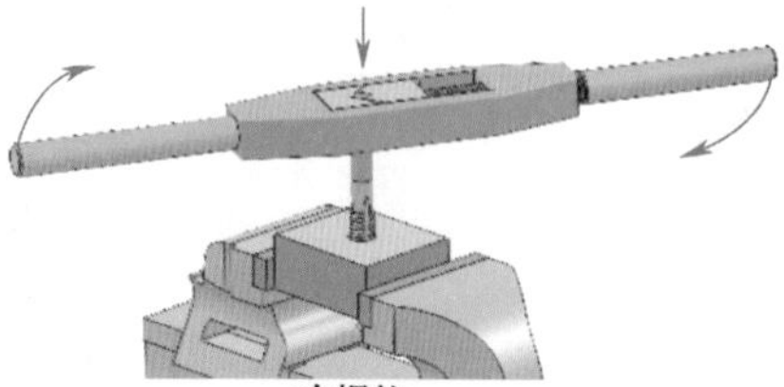 攻螺纹 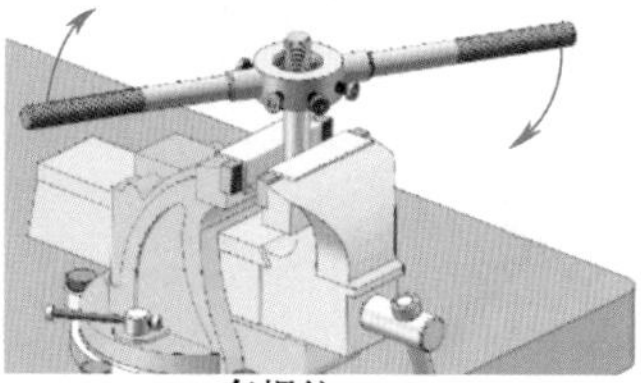 套螺纹	攻螺纹：用丝锥在工件内圆柱面上加工出内螺纹的方法 套螺纹：用圆板牙在圆柱杆上加工出外螺纹的方法
矫正和弯形	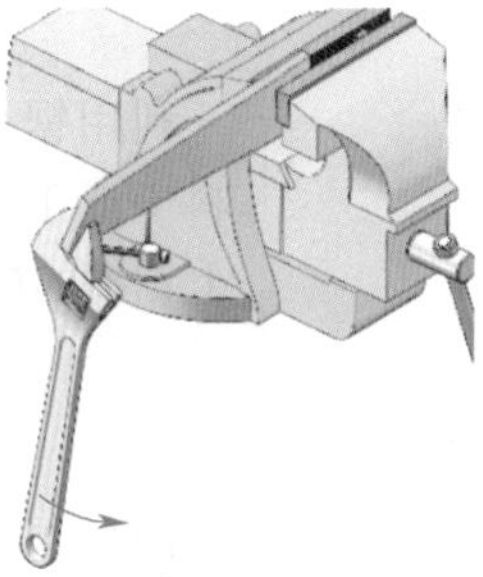 矫正 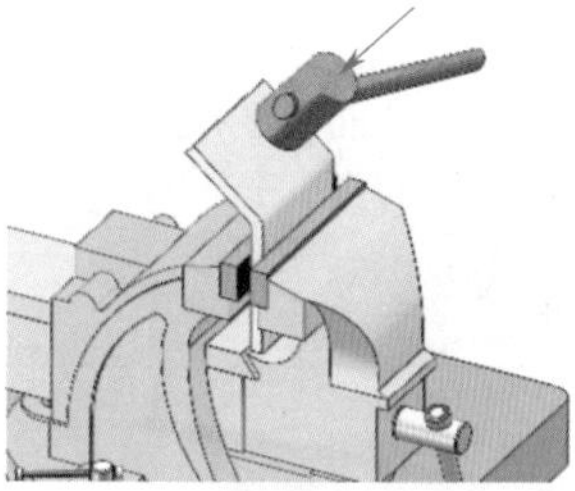　弯形	矫正：消除材料或工件弯曲、翘曲、凸凹不平等缺陷的加工方法 弯形：将坯料弯成所需要形状的加工方法
铆接和粘接	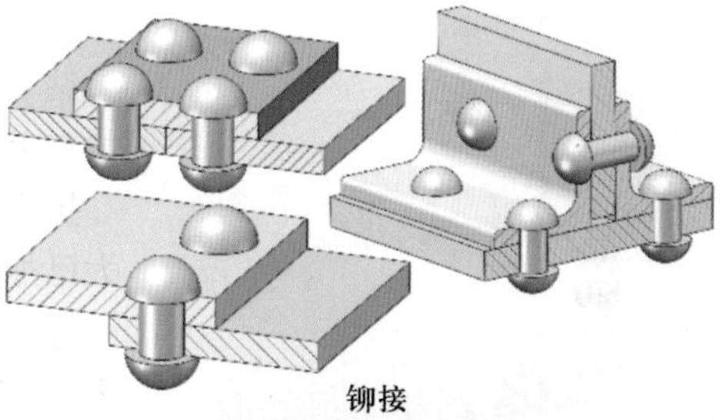 铆接  粘接	铆接：用铆钉将两个或两个以上工件组成不可拆卸连接的操作方法 粘接：利用黏结剂把不同或相同的材料牢固地连接成一体的操作方法

续表

基本操作	图示	技能描述
刮削		用刮刀在工件已加工表面刮去一层很薄金属层的操作方法
研磨	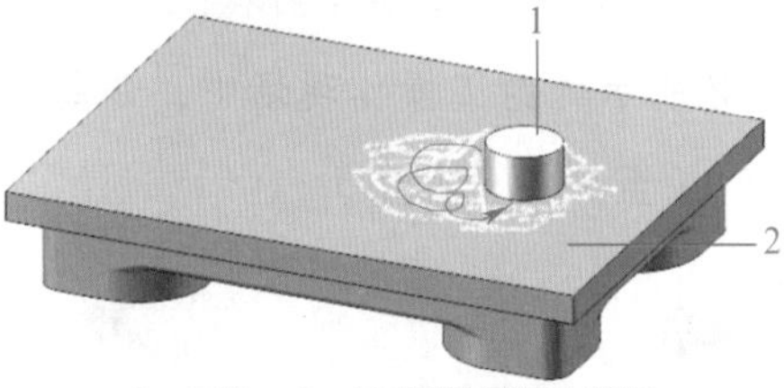 1—工件 2—涂有研磨剂的平板	用研磨工具和研磨剂从工件上研去一层极薄表面层的精加工方法
装配和调试	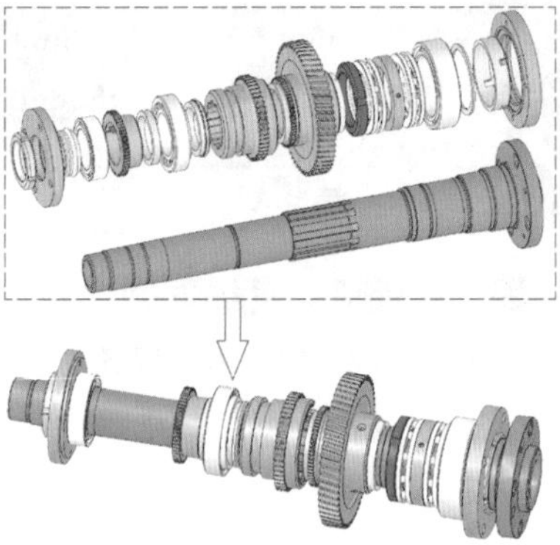	将若干合格的零件按规定的技术要求组合成部件，或将若干零件和部件组合成机器和设备，并经过调整、试验等使之成为合格产品的工艺过程
测量	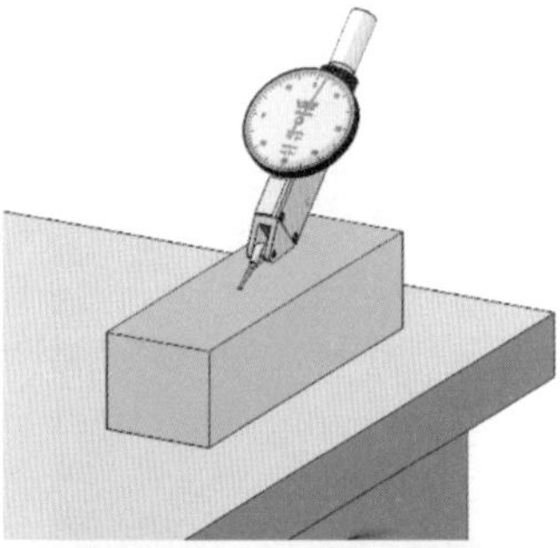	用量具、量仪检测工件或产品的尺寸、形状和位置是否符合图样技术要求的操作
简单的热处理	 淬火	通过对工件进行加热、保温和冷却，改变金属材料内部结构，以改变材料的力学性能、物理性能和化学性能的操作

三、整理实习工作位置

在明确各自的实习工作位置后，整理并摆放好所发的个人用工具，对台虎钳做好清理、注油等维护与保养工作。

1. 在当今现代化机器大生产条件下，为什么还需要以手工操作为主的钳工工种？

2. 通过参观学习，你了解到的钳工常用基本操作有哪些？通过查阅资料，你还知道哪些钳工操作内容？

3. 在图 1-12 所示的钳工操作现场中，哪些是不符合安全与文明生产要求的？（至少指出五处）

图 1-12　钳工操作现场

任务二　台虎钳的使用与维护

学习目标

1. 能描述台虎钳的种类。
2. 能叙述回转式台虎钳的结构和工作原理。
3. 会使用台虎钳并进行日常维护。

任务描述

台虎钳是钳工常用的设备之一，它是用来夹持工件的通用工具，钳工的许多基本操作都是在该设备上完成的。

本任务主要介绍台虎钳的种类与结构，进行台虎钳的使用与维护训练，使学生掌握台虎钳的使用方法；熟悉并掌握台虎钳日常维护的一般步骤和方法；养成良好的工作习惯，为以后钳工实习做好准备。

相关理论

一、台虎钳的种类

台虎钳是用来夹持工件的通用工具，其类型有固定式和回转式两种，如图 1-13 所示，两者的主要构造和工作原理基本相同。由于回转式台虎钳的钳身可以相对于底座回转，能满足各种不同方位的加工需要，因此使用方便，应用广泛。

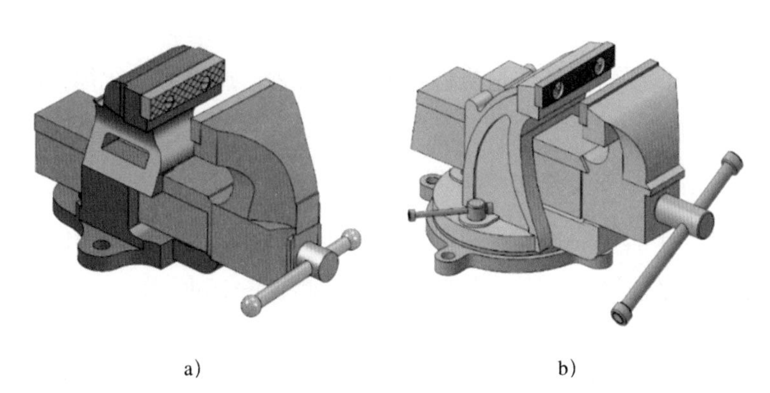

图 1-13　台虎钳

a）固定式台虎钳　b）回转式台虎钳

二、回转式台虎钳的结构和工作原理

回转式台虎钳的结构如图 1-14 所示。活动钳身通过导轨与固定钳身的导轨做滑动配合。丝杆装在活动钳身上，可以旋转，但不能轴向移动，它与安装在固定钳身内的丝杆螺母配合。当摇动手柄使丝杆旋转时，就可以带动活动钳身相对于固定钳身做轴向移动，

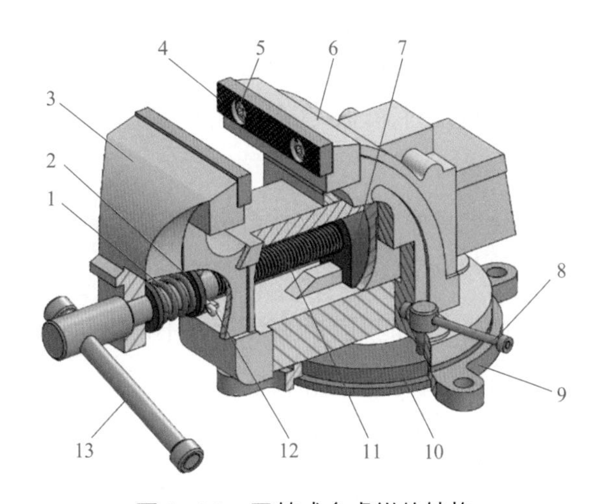

图 1-14　回转式台虎钳的结构

1—弹簧　2—挡圈　3—活动钳身　4—钢制钳口　5—螺钉　6—固定钳身
7—丝杆螺母　8—夹紧手柄　9—转座　10—夹紧盘　11—丝杆　12—开口销　13—手柄

从而夹紧或放松工件。弹簧借助挡圈和开口销固定在丝杆上，其作用是当要放松工件时，可使活动钳身快速退出。在固定钳身和活动钳身上均装有钢制钳口，并用螺钉将其固定。钳口的工作面上制有交叉的网纹，使工件夹紧后不易产生滑动。钳口经过淬火后硬度提高，具有较好的耐磨性。固定钳身装在转座上，并能绕转座轴线转动，当转到要求的方向时，扳动夹紧手柄使夹紧螺钉旋紧，便可在夹紧盘的作用下使固定钳身紧固。转座上有三个螺孔，用以与钳工工作台固定。

三、安全生产

保证产品质量的重要前提条件是执行安全操作规程，遵守劳动纪律，严格按照工艺要求操作。

1. 使用钳工工作台的安全与文明要求

（1）操作者站在钳工工作台的一面工作，对面不允许有人。如因条件所限需要面对面使用钳工工作台时，必须设置密度适当的安全网，如图 1-15 所示。

图 1-15　钳工工作台安全网

（2）钳工工作台上使用的照明设备电压不得超过 36 V。

（3）钳工工作台上的杂物要及时清理，工具、量具和刃具要分开放置，以免因混放而损坏。

（4）摆放工具时，不能让工具伸出钳工工作台边缘，以免被碰落而砸伤操作者。

2. 使用台虎钳的安全与文明要求

（1）夹紧工件时要松紧适当，只能用手扳紧手柄，不得借助其他工具加力。

（2）强力作业时，应尽量使力朝向固定钳身。

（3）不允许在活动钳身和光滑平面上进行敲击作业。

（4）对丝杆、螺母等活动表面应经常清洗、润滑，以防生锈。

（5）钳工工作台装上台虎钳后，钳口高度应以恰好与人的手肘齐平为宜，如图 1-16 所示。

图 1-16　台虎钳在钳工工作台上的高度

任务实施

一、台虎钳的使用与维护

台虎钳的使用与维护见表 1-2。

表 1-2　台虎钳的使用与维护

操作步骤	示意图	操作要点与要求
1. 认识台虎钳		操作要点：观察台虎钳外观，测量钳口宽度，识读铭牌，了解台虎钳规格和型号
		要求：了解台虎钳规格和型号的含义
2. 台虎钳打开与闭合		操作要点：单手转动台虎钳手柄，练习台虎钳的开合
		要求：动作连贯、迅速，能记住旋转方向与钳口开合的关系
3. 观察钳口并修整钳口位置		操作要点：将台虎钳打开，观察钳口网纹，网纹的作用是可靠地夹紧工件。如果钳口松动，可在教师指导下用十字旋具拆下螺钉，清理钳口安装面上的切屑等杂物，然后再装上钳口，并紧固好螺钉
		要求：钳口安装无间隙且紧固可靠，两钳口合拢后平齐

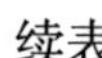
续表

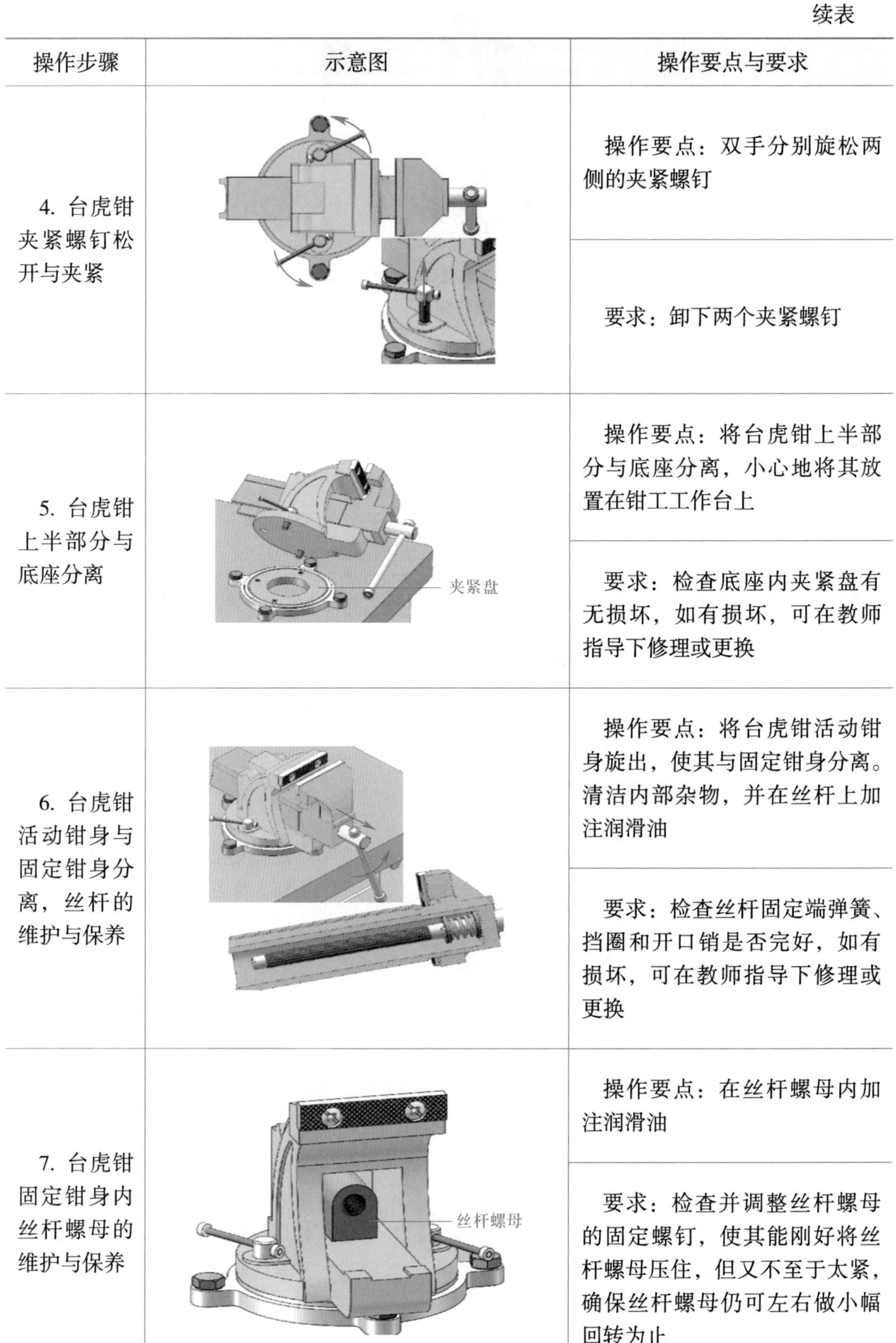

操作步骤	示意图	操作要点与要求
4. 台虎钳夹紧螺钉松开与夹紧		操作要点：双手分别旋松两侧的夹紧螺钉
		要求：卸下两个夹紧螺钉
5. 台虎钳上半部分与底座分离		操作要点：将台虎钳上半部分与底座分离，小心地将其放置在钳工工作台上
		要求：检查底座内夹紧盘有无损坏，如有损坏，可在教师指导下修理或更换
6. 台虎钳活动钳身与固定钳身分离，丝杆的维护与保养		操作要点：将台虎钳活动钳身旋出，使其与固定钳身分离。清洁内部杂物，并在丝杆上加注润滑油
		要求：检查丝杆固定端弹簧、挡圈和开口销是否完好，如有损坏，可在教师指导下修理或更换
7. 台虎钳固定钳身内丝杆螺母的维护与保养		操作要点：在丝杆螺母内加注润滑油
		要求：检查并调整丝杆螺母的固定螺钉，使其能刚好将丝杆螺母压住，但又不至于太紧，确保丝杆螺母仍可左右做小幅回转为止

续表

操作步骤	示意图	操作要点与要求
8. 台虎钳装配并做转动练习		操作要点：将固定钳身装到底座上，并旋紧两侧的夹紧螺钉，将活动钳身推入固定钳身内。注意使丝杆对准丝杆螺母，然后转动手柄，使活动钳身与固定钳身合拢
		要求：安装后，旋入、旋出活动钳身要灵活，无异响和阻滞现象。两侧夹紧螺钉松开时台虎钳能回转自如，夹紧时则能完全固定
9. 小型工件夹紧练习		操作要点：将小型六面体工件装夹在台虎钳上并夹紧
		要求：装夹牢固、平正，工件露出 15 ~ 20 mm。夹紧过程中严禁用接长杆扳手柄或用锤子敲击手柄的方法夹紧工件，以防止台虎钳因超负荷而损坏
10. 长型工件夹紧练习		操作要点：将长条铁板或圆棒钢料竖直夹持在台虎钳上
		要求：将台虎钳摆正，工件下端应能伸出钳工工作台边缘

二、操作提示

1. 学生将台虎钳活动钳身旋出，与固定钳身分离时，应先用左手托住活动钳身，防止活动钳身突然分离而砸伤自己。

2. 学生必须服从教师指挥，严格按照操作步骤进行。

评价反馈

拆装台虎钳训练成绩评定见表 1-3。

表 1-3　拆装台虎钳训练成绩评定

序号	项目与技术要求	配分	评分标准	检测方法或工具	检测结果		得分
					学生自测	教师检测	
1	按顺序正确拆卸台虎钳，排列有序	30	不符合要求酌情扣分	目测			
2	清理台虎钳各部件，要求擦拭干净，对丝杆和丝杆螺母涂润滑油、其他螺钉涂防锈油后安装	20	不符合要求酌情扣分	目测			
3	安装台虎钳，安装后使用要灵活	30	不符合要求酌情扣分	试验			
4	遵守工作场地规章制度和安全文明生产要求	20	不符合要求酌情扣分	笔试、问答及观察			
合计		100					

1. 简述回转式台虎钳的结构和工作原理。

2. 常用台虎钳的种类和规格有哪些?

项目二
划　　线

任务一　划线工具的使用

学习目标

1. 能说出划线的概念和作用。

2. 能描述常用划线工具的使用方法。

3. 看懂图样要求，能在薄板料上进行平面划线，划线操作应达到线条清晰、粗细均匀、圆弧连接圆滑、尺寸误差不大于 ±0.3 mm 的要求。

任务描述

根据图样要求，在毛坯或工件上用划线工具划出待加工部位的轮廓线或作为找正、检查依据的辅助线称为划线。项目一介绍了钳工基本操作技能，其中划线是进行其他操作的基础。

本任务是使用划线工具，在 200 mm × 150 mm × 2 mm 的薄钢板上划出图 2-1 所示摆角样板的定位线和轮廓线，从而掌握划线的基本技能。

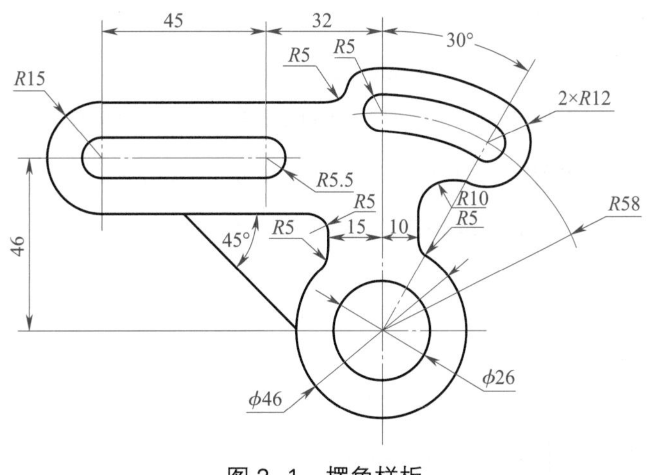

图 2-1　摆角样板

相关理论

一、划线的分类

1. 平面划线

平面划线是指在工件的二维坐标系内进行的划线，如在板料上划线，在盘状工件的端面划钻孔加工线等，如图 2-2a 所示。

2. 立体划线

立体划线是指在工件的三维坐标系内进行的划线，如划出支架、箱体等工件的加工线等，如图 2-2b 所示。

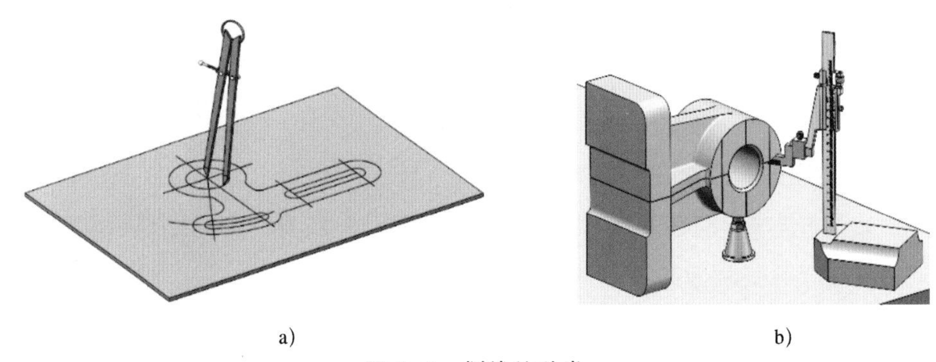

a)　　b)

图 2-2　划线的种类

a）平面划线　b）立体划线

二、划线的作用

1. 明确尺寸界线，确定工件的加工余量。

2. 便于在机床上装夹及找正复杂的工件。

3. 能及时发现并处理不合格的毛坯。

4. 通过借料划线可以补救误差不大的毛坯。

划线是机械加工的重要工序之一，广泛应用于单件、小批量生产。划线除要求划出的线条清晰、均匀外，最重要的是保证尺寸准确。在立体划线中，还应注意使长、宽、高三个方向的线条互相垂直。一般划线精度能达到 0.25 ~ 0.5 mm。

三、平面划线的基准

1. 基准的含义

基准是用来确定加工对象上几何要素的几何关系所依据的那些点、线、面。平面划线时，一般只要确定好两条相互垂直的基准线，就能把平面上所有点、线、面的相互关系确定下来。在设计图样上所采用的基准称为设计基准。划线时，也要选择工件上的几个点、线、面作为基准，用它来确定工件上其他点、线、面的尺寸和位置，这样的基准称为划线基准。

2. 划线基准的类型

根据工件形状的不同，划线基准分为以下三种类型：

（1）以两个相互垂直的平面（或线）为基准，如图 2-3a 所示的基准 A、B。

（2）以两条中心线为基准，如图 2-3b 所示的基准 C、D。

（3）以一个平面和一条中心线为基准，如图 2-3c 所示的基准 E、F。

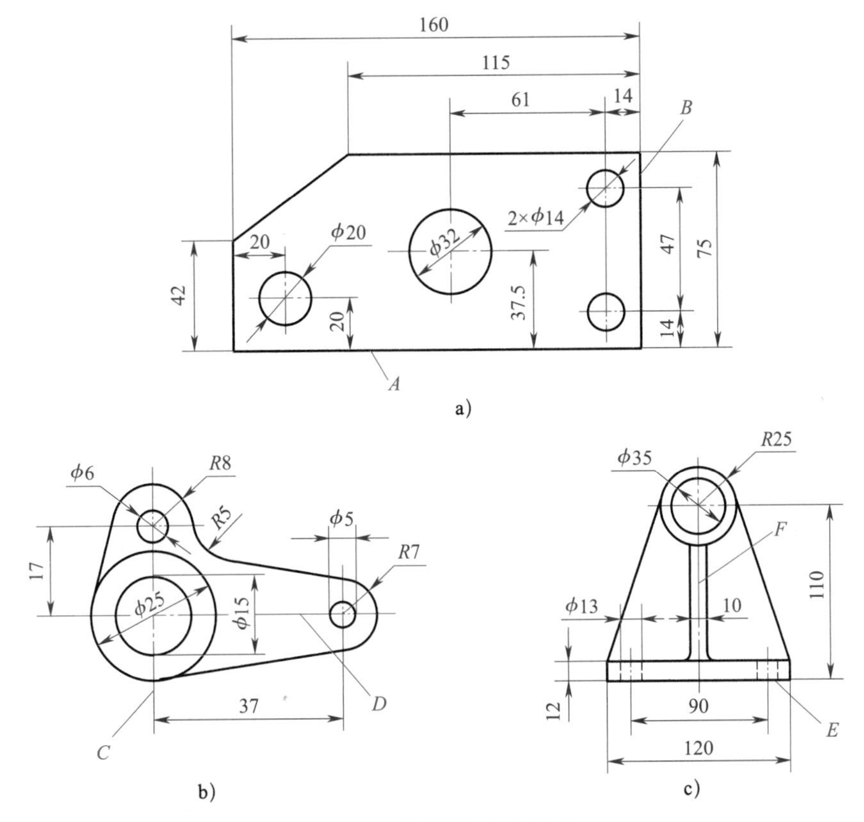

图 2-3　划线基准的类型

3. 确定划线基准应遵循的原则

（1）划线基准与设计基准一致。

（2）选择已经过精加工并且加工精度最高的边、面或有配合要求的边、面、外圆以及孔、槽和凸台的对称线。

（3）选择较长的边、相对两边的对称线、较大的面或相对两面的对称线。

（4）选择便于支承的边、面或外圆。

（5）选择较大外圆的中心线。

（6）在薄板料上选择划线基准时，要考虑节约用料以及工艺文件上材料轧制方向的具体要求，以便于剪裁。

四、机械制图中基本划线方法介绍

机械制图中基本划线方法见表 2-1。

表 2-1　机械制图中基本划线方法

划线要求	图示	划线方法
将线段 AB 五等分（或若干等分）	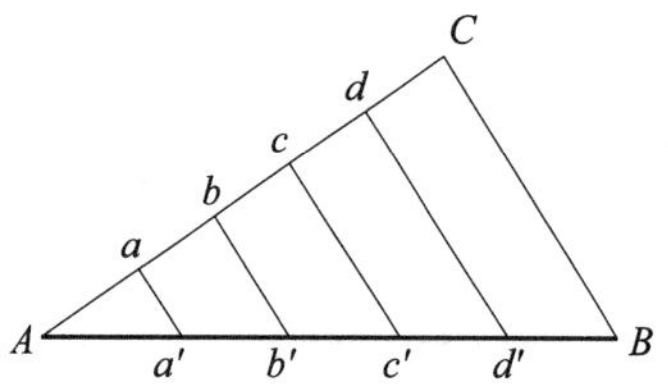 C、d、c、b、a、A、a′、b′、c′、d′、B	1. 由 A 点作一射线并与已知线段 AB 成某一角度 2. 从 A 点开始，在射线上任意截取五等分点 a、b、c、d、C 3. 连接 BC，并过 a 点、b 点、c 点、d 点分别作线段 BC 的平行线，与线段 AB 的交点即为线段 AB 的五等分点
作与线段 AB 距离为 R 的平行线	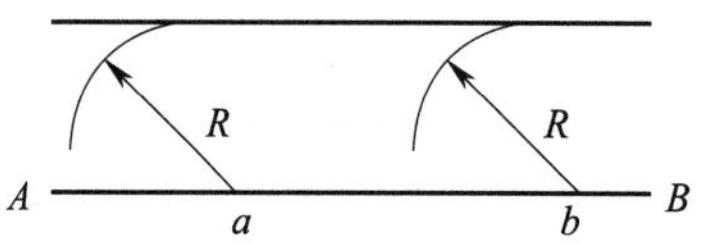 R、R、A、a、b、B	1. 在已知线段上任取两点 a、b 2. 分别以 a 点、b 点为圆心，R 为半径，在同侧作圆弧 3. 作两圆弧的公切线，即为所求的平行线
过线外一点 P，作线段 AB 的平行线	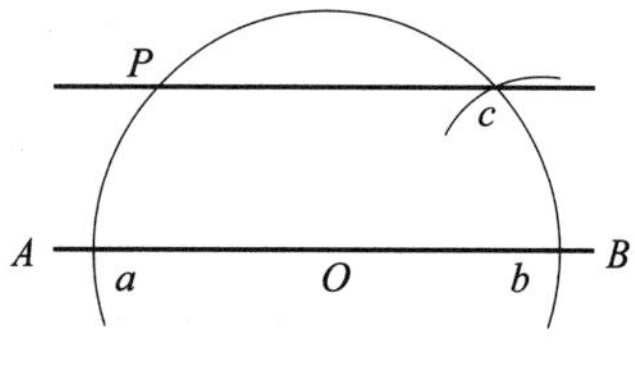 P、c、A、a、O、b、B	1. 在线段 AB 上取一点 O 2. 以 O 点为圆心，OP 为半径作圆弧，交线段 AB 于 a 点、b 点 3. 以 b 点为圆心，aP 为半径作圆弧，交圆弧 ab 于 c 点 4. 连接 Pc，即为所求的平行线
过已知线段 AB 的端点 B 作垂直线段	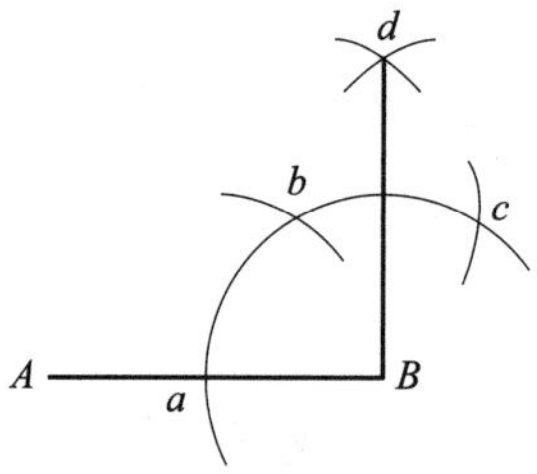 d、b、c、A、a、B	1. 在 AB 上任取一点 a，以 B 点为圆心，以 Ba 为半径作圆弧 2. 分别以 a 点和 b 点为圆心，以 Ba 为半径，在圆弧上截取圆弧段 ab 和 bc 3. 分别以 b 点、c 点为圆心，Ba 为半径作圆弧，得到交点 d 4. 连接 Bd，即为所求的垂直线段
作与两相交直线相切的圆弧线	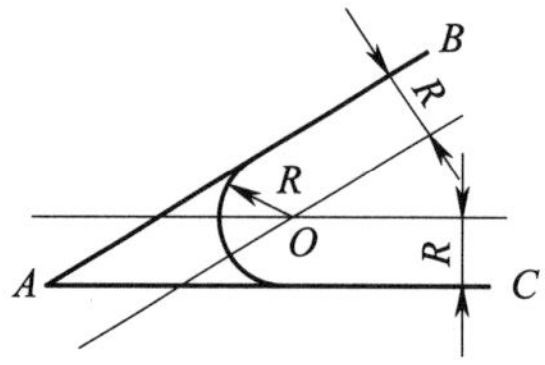 B、R、R、O、R、A、C	1. 在两相交直线的角度内，作与两直线相距为 R 的两条平行线，交于 O 点 2. 以 O 点为圆心，R 为半径作圆弧，即得到与两相交直线相切的圆弧线

续表

划线要求	图示	划线方法
作与两圆弧线外切的圆弧线		1. 分别以 O_1 点和 O_2 点为圆心，以 R_1+R 和 R_2+R 为半径作圆弧，交于 O 点 2. 以 O 点为圆心，R 为半径作圆弧，即得到与两圆弧线外切的圆弧线
作与两圆弧线内切的圆弧线		1. 分别以 O_1 点和 O_2 点为圆心，以 $R-R_1$ 和 $R-R_2$ 为半径作圆弧，交于 O 点 2. 以 O 点为圆心，R 为半径作圆弧，即得到与两圆弧线内切的圆弧线
作与两相向圆弧相切的圆弧线		1. 分别以 O_1 点和 O_2 点为圆心，以 $R-R_1$ 和 $R+R_2$ 为半径作圆弧，交于 O 点 2. 以 O 点为圆心，R 为半径作圆弧，即得到与两相向圆弧相切的圆弧线

五、划线工具的种类及其使用方法

在划线工作中，为了保证划线既准确又迅速，必须先熟悉各种划线工具，并能正确使用它们。

1. 划线平板

划线平板通常用铸铁制成，也可用大理石制成，是用来摆放工件和划线工具的，并在它的上面进行划线工作。

划线平板可根据需要做成不同的尺寸。如图 2-4a 所示的划线平板适用于一般尺寸工件的划线，对于较大尺寸工件的划线，可使用图 2-4b 所示的划线平板。将划线平板放正后，操作者即能在平板四周的任何位置进行划线。

划线平板的使用及保养规则如下：

（1）划线平板放置时要使其上表面保持水平状态，以免发生变形。

（2）定期按有关规定对划线平板进行检查、调整及研修。

（3）随时保持划线平板表面清洁，以免刮伤其表面，影响划线精度。

（4）工件和工具在划线平板上要轻放，防止重物撞击划线平板表面。

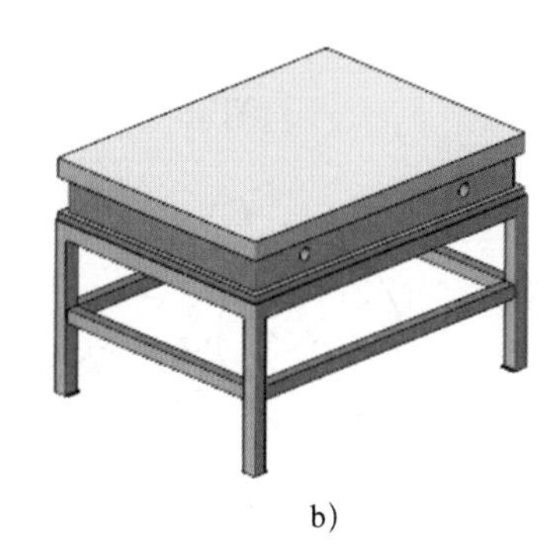

a）　　　　b）

图 2–4　划线平板

（5）使用结束后应将划线平板表面擦拭干净，并涂上机油。

2. 划线方箱

划线方箱多为空心立方体，其相邻平面互相垂直，相对平面互相平行，便于在工件上将垂直线、平行线、水平线划出来。划线方箱用铸铁制成。如图 2–5a 所示为长形普通方箱；图 2–5b 所示为带夹持装置的方箱，在划线方箱上面配有立柱和螺杆，结合纵、横两条 V 形槽，用于夹持轴类或其他形状的工件。

3. V 形架

V 形架主要用来支承有圆柱表面的工件，常用铸铁或碳钢制成，其外形相邻各面互相垂直，V 形槽一般成 90°或 120°角。在安放较长的圆柱形工件时，需要两个等高的 V 形架，这样才能使工件安放平稳，保证划线的准确性，如图 2–6 所示。

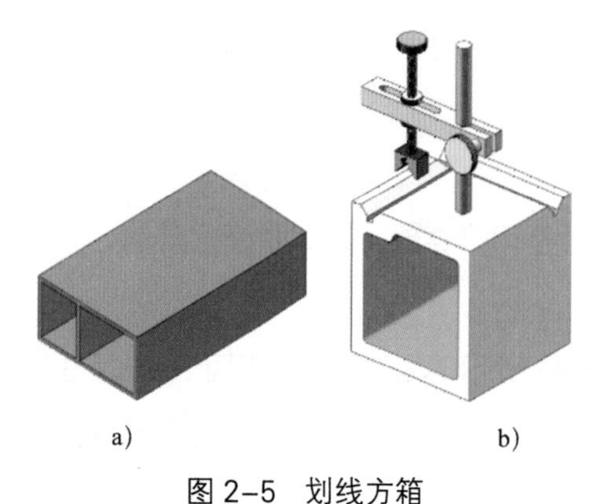

a）　　　　b）

图 2–5　划线方箱

a）长形普通方箱　b）带夹持装置的方箱

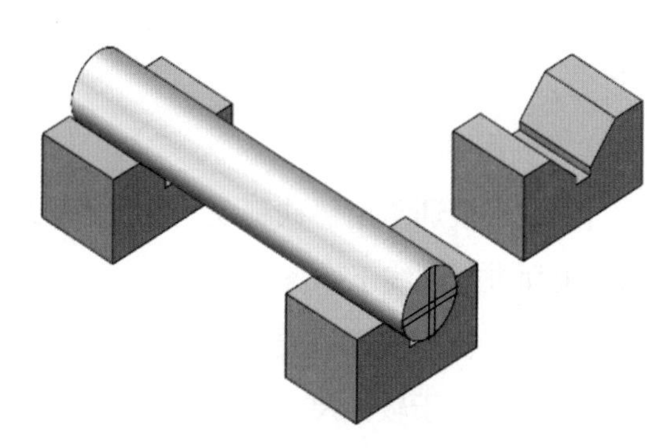

图 2–6　V 形架

4. 钢直尺

钢直尺是一种简单的量具，在尺面上刻有尺寸刻线，最小刻线间距为 0.5 mm，它的长度规格有 150 mm、300 mm、1 000 mm 等多种。钢直尺可以用来量取尺寸，也可作为划直线时起导向作用的工具，如图 2–7 所示。

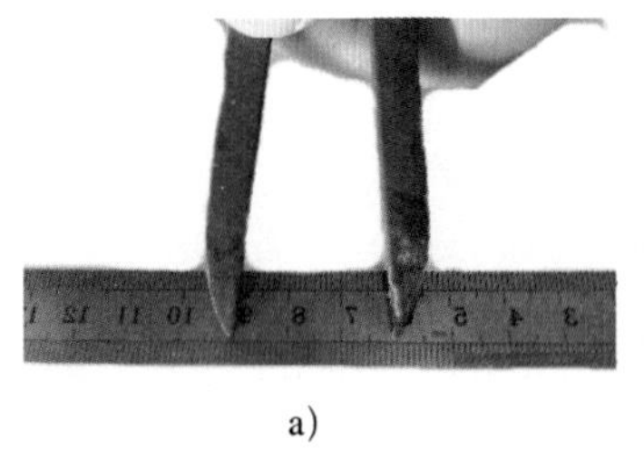

a)

b)

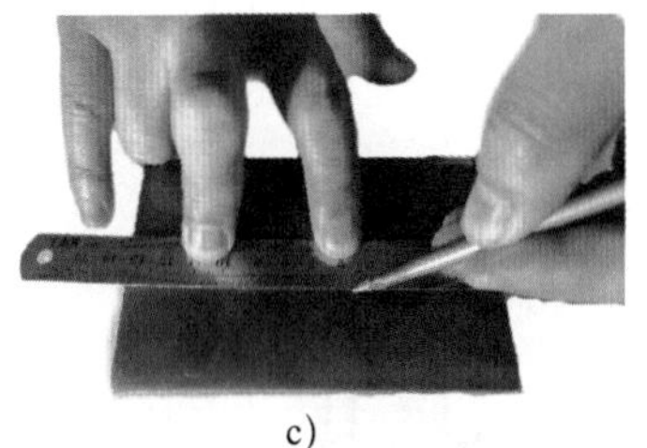

c)

图 2-7　钢直尺的使用

a）量取尺寸　b）测量工件　c）划直线

5. 划针

划针用来在工件上划线条，用弹簧钢或高速钢制成，直径一般为 3 ~ 5 mm，尖端磨成 15° ~ 20°的尖角，并经热处理使其硬化，如图 2-8 所示。

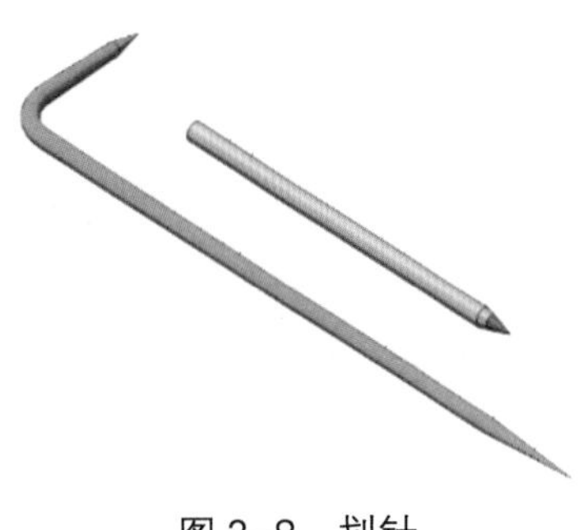

图 2-8　划针

使用注意要点如下：在用钢直尺和划针连接两点划直线时，应先用划针和钢直尺定好其中一点的划线位置，然后调整钢直尺与另一点的划线位置对准，再划出连接两点的直线。划线时，针尖要紧靠导向工具的边缘，划针上部向外侧倾斜 15° ~ 20°，向划线移动方向倾斜 45° ~ 75°，如图 2-9 所示。针尖要保持尖锐，划线时要尽量一次划成，使划出的线条清晰、准确。划针不用时，不能将其插在衣袋中，最好套上塑料管而不使针尖外露。

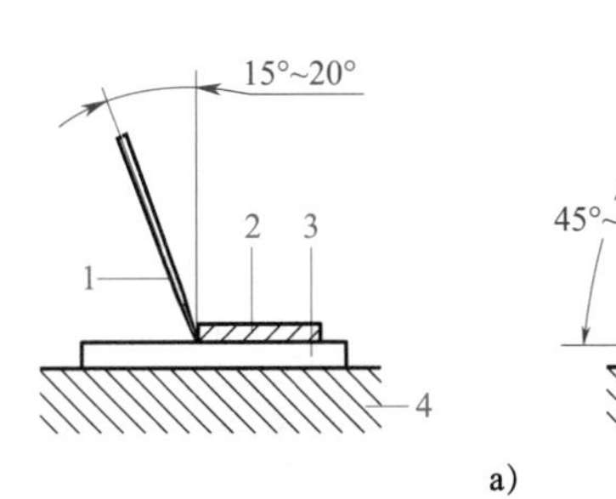

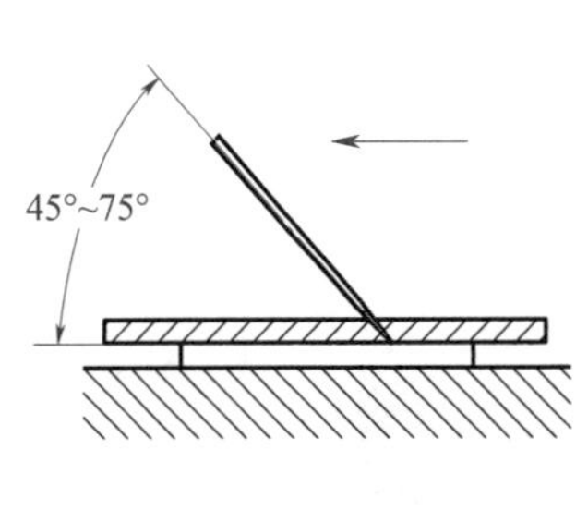

a)

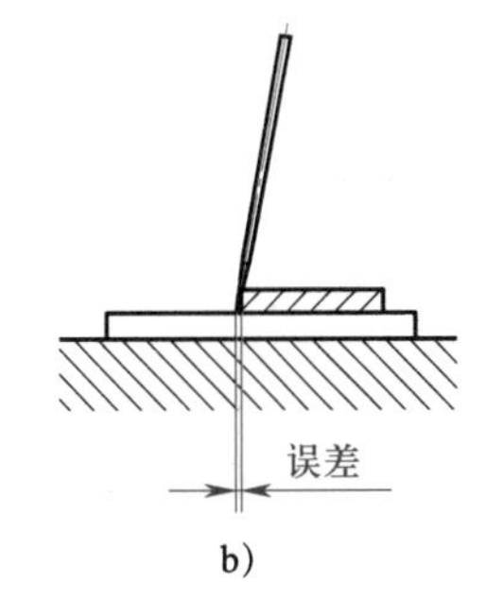

b)

图 2-9　划针的用法

a）正确　b）错误

1—划针　2—导向工具　3—工件　4—划线平板

6. 游标高度卡尺

游标高度卡尺附有划针脚，能直接划出高度尺寸，其读数精度一般为 0.02 mm，可作为精密划线工具，如图 2-10 所示。

7. 划规

划规用来划圆和圆弧、等分线段、等分角度以及量取尺寸等，如图 2-11 所示。

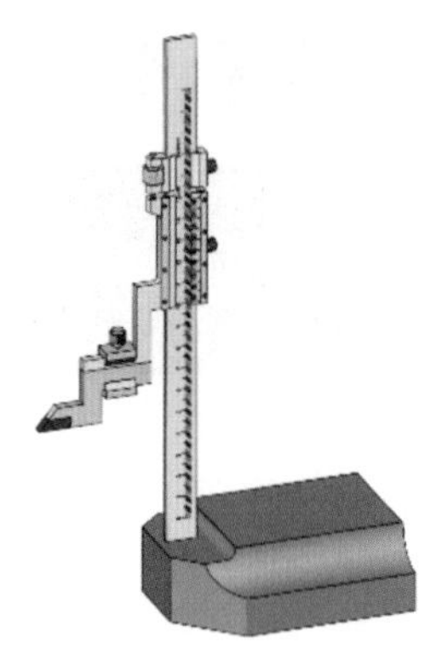
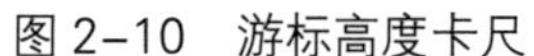

图 2-10　游标高度卡尺

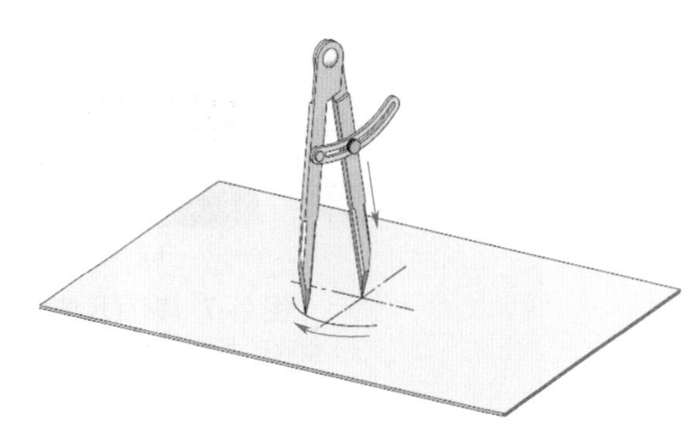

图 2-11　用划规划圆弧

8. 样冲

样冲用于在工件所划加工线条上打样冲眼（冲点），用于加强界线标记和划圆弧或钻孔时定中心。样冲一般由工具钢制成，尖端处淬硬，其顶尖角度 θ 在用于加强界线标记时大约为 40°，用于钻孔定中心时约为 60°，如图 2-12 所示。

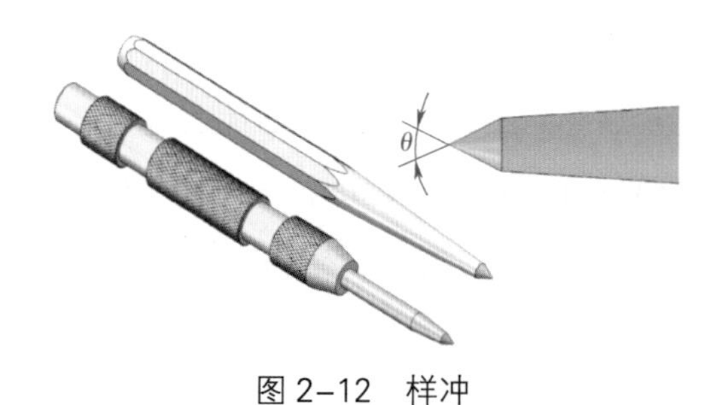

图 2-12　样冲

（1）冲点方法

先将样冲外倾，使其尖端对准线的正中，如图 2-13a 所示，然后再将样冲立直，用锤子敲击样冲冲点，如图 2-13b 所示。

a)　　b)

图 2-13　样冲的使用方法

（2）冲点要求

位置准确，冲点不可偏离所划线条，如图 2-14 所示。在曲线上冲点距离要小些，在直线上冲点距离可大些，但短直线至少要有三个冲点。在线条的交叉或转折处必须冲点。冲点的深浅要掌握适当，在薄壁或光滑表面上冲点要浅，在粗糙表面上冲点要深些。

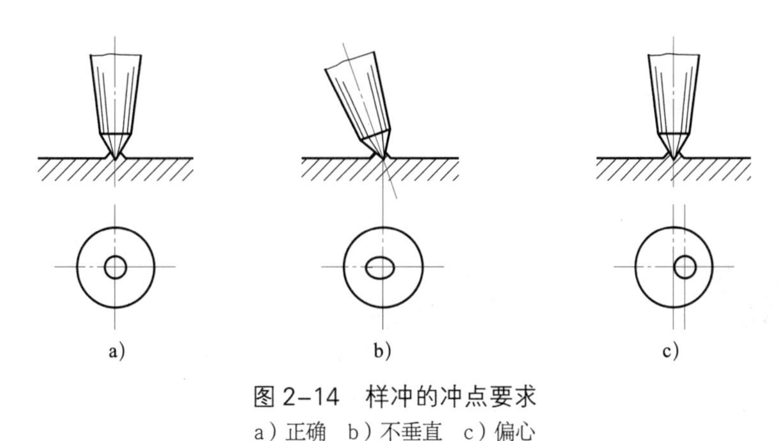

图 2-14　样冲的冲点要求
a）正确　b）不垂直　c）偏心

任务实施

为了顺利完成本任务训练，可以先复习机械制图中的基本划线方法。要求学生利用绘图工具先在 A4 图纸上练习图形的绘制，掌握平行线、垂直线、圆弧与圆弧连接、圆弧与直线连接的画法。待学生熟练掌握本任务中摆角样板图形的绘制方法后，再要求学生利用划线工具在 200 mm × 150 mm × 2 mm 的薄钢板上划出图形。

一、在图纸上绘制平面图形

1. 操作准备

准备好练习用 A4 图纸、钢直尺、三角板、圆规、铅笔、橡皮，如图 2-15 所示。

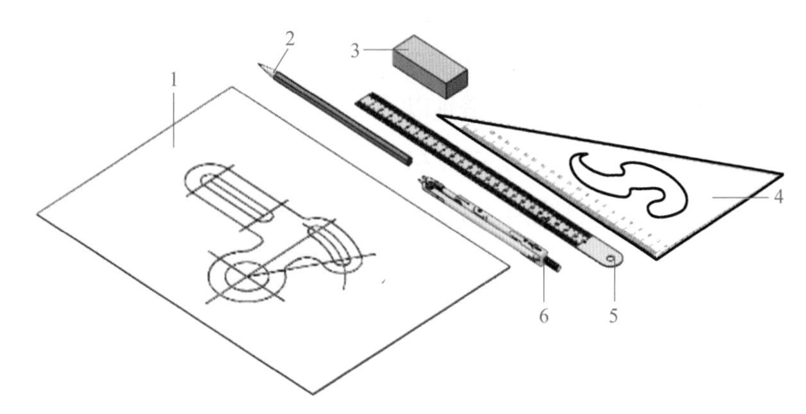

图 2-15　平面图形绘图操作准备
1—A4 图纸　2—铅笔　3—橡皮　4—三角板　5—钢直尺　6—圆规

2. 绘图练习

学生先在 A4 图纸上练习图 2-1 所示图形的绘制，掌握平行线、垂直线、圆弧与圆弧连接、圆弧与直线连接的画法，并保留作图痕迹。

二、平面划线

1. 操作准备

准备好练习用薄钢板、钢直尺、划规、划针、样冲、锤子等，如图 2-16 所示。

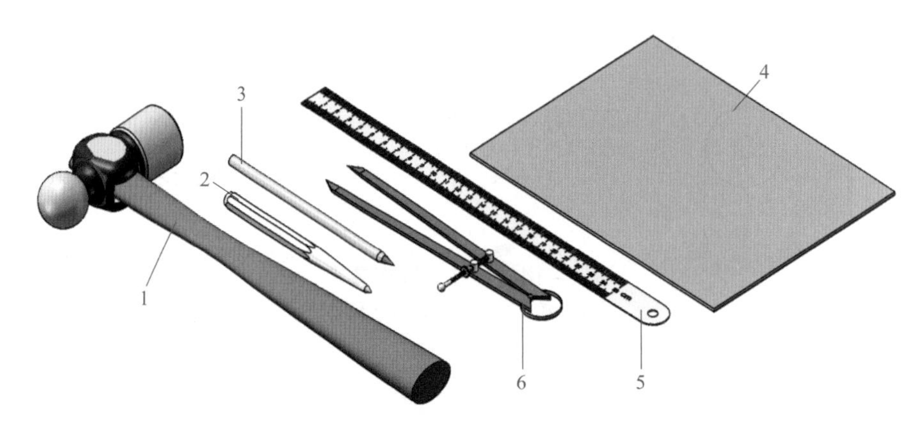

图 2-16 平面划线操作准备

1—锤子 2—样冲 3—划针 4—薄钢板 5—钢直尺 6—划规

2. 平面划线步骤

（1）准备好所用的划线工具，清理薄钢板表面并在其表面涂色。

（2）熟悉摆角样板图形的画法，指出该图形应采取的划线基准和最大轮廓尺寸，在薄钢板上合理安排基准线的位置，并在圆心 O_1、O_2、O_3、O_4、O_5 处打样冲眼，如图 2-17 所示。

（3）以 O_1 点为圆心，分别以 13 mm 和 23 mm 为半径划出两个同心圆；以 O_2 点为圆心，划出 $R5.5$ mm 和 $R15$ mm 的两个半圆；以 O_3 点为圆心，划出一个 $R5.5$ mm 的半圆；以 O_4 点、O_5 点为圆心，分别划出 $R5$ mm 和 $R12$ mm 的两个半圆；以 O_1 为圆心，分别以 53 mm、63 mm、70 mm 为半径划出三段相切圆弧；再作两条与中心线 O_1O_4 相距 15 mm 和 10 mm 的平行线，如图 2-18 所示。

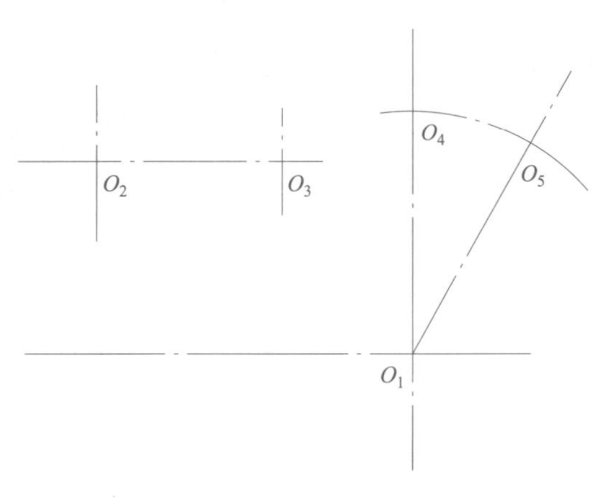

图 2-17 摆角样板基准线和相关圆弧的圆心

（4）根据摆角样板中直线与圆弧、圆弧与圆弧的连接形式，划出 O_6、O_7、O_8、O_9、O_{10} 五个相切圆弧的圆心，并打样冲眼，如图 2-19 所示。

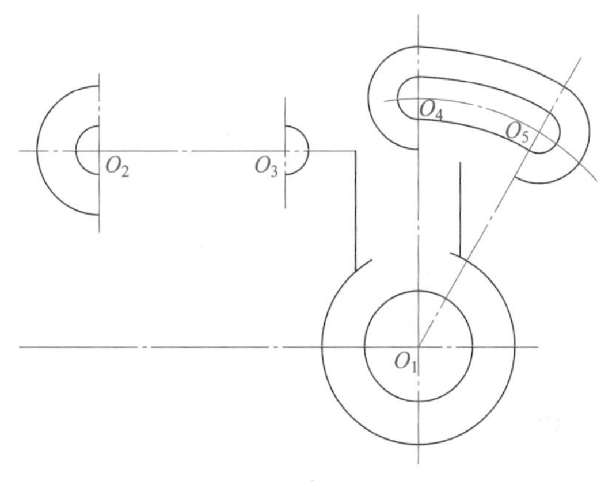

图 2-18 划出摆角样板的已知圆弧与直线

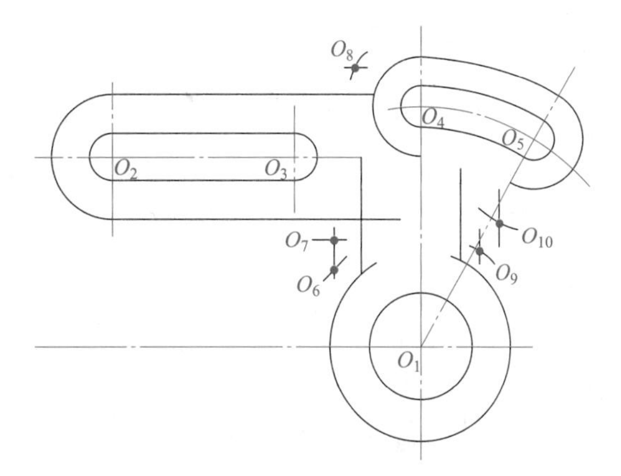

图 2-19 确定相切圆弧的圆心

（5）分别以 O_6、O_7、O_8、O_9 点为圆心，以 5 mm 为半径划出四段相切圆弧；以 O_{10} 点为圆心、10 mm 为半径划出一段相切圆弧，如图 2-20 所示。

（6）根据图样要求划出 A、B 两点，然后用钢直尺和划针连接线段 AB。

（7）检查划线尺寸是否正确。完成划线操作的摆角样板如图 2-21 所示。

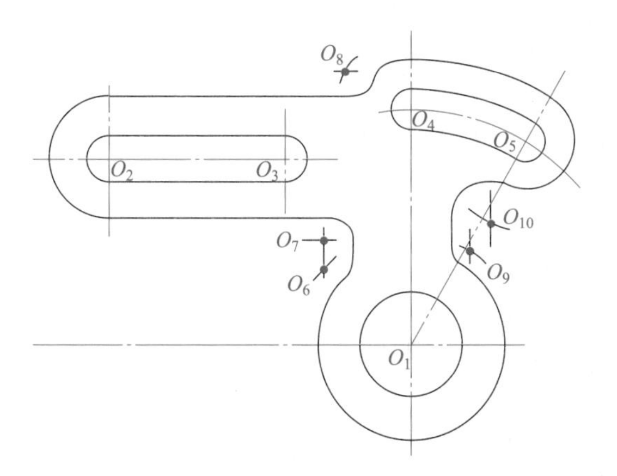

图 2-20 划出相关连接圆弧

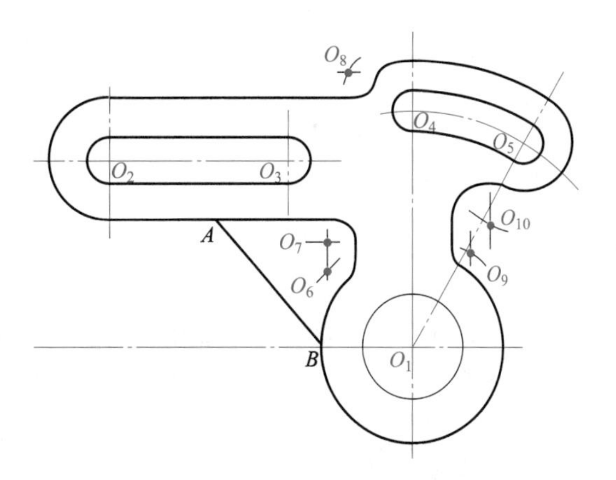

图 2-21 完成划线操作的摆角样板

三、操作提示

1. 学生在 A4 图纸上画图时，布局要合理。
2. 学生画图时先要正确选择划线基准，尽量使划线基准与设计基准重合。
3. 学生画图时要保留作图痕迹，且线条应粗细一致。
4. 画图时，圆弧与直线、圆弧与圆弧连接要圆滑，接头处没有多余线条。
5. 划线过程中，工件的摆放要可靠。
6. 划线工具不要置于划线平板边缘，以免将工具碰落而伤脚。

7. 应正确使用划线工具，用后要将其放到指定位置，不能随意乱放。

评价反馈

摆角样板划线训练成绩评定见表 2-2。

表 2-2 摆角样板划线训练成绩评定

序号	项目与技术要求	配分	评分标准	检测方法或工具	检测结果		得分
					学生自测	教师检测	
1	图形及其排列位置正确	15	总体评定	目测			
2	线条清晰且无重线	15	线条不清晰或有重线每处扣 1 分	目测			
3	尺寸和线条位置正确	15	不正确酌情扣分	钢直尺、划规			
4	各圆弧连接圆滑	15	一处不圆滑扣 2 分	目测			
5	冲点位置正确	15	冲偏一处扣 0.5 分	目测			
6	样冲眼位置分布合理	15	分布不合理每处扣 1 分	目测			
7	使用工具正确，操作姿势正确	10	发现一次不正确扣 2 分	目测			
8	安全文明生产		不符合要求每次倒扣 2 分				
合计		100					

1. 什么是划线？简述划线的种类和作用。

2. 什么是基准、设计基准、划线基准？

3. 简述划针的使用方法。划针在使用过程中应注意哪些要点？

4. 打样冲眼的作用是什么？简述打样冲眼的方法和注意事项。

任务二　圆钢棒料的划线

学习目标

1. 能描述划线时找正及借料的含义和目的。
2. 能看懂图样要求，正确选择划线基准。
3. 能正确使用划线工具，完成简单工件的划线。

任务描述

任务一中，在 200 mm × 150 mm × 2 mm 的薄钢板上进行了摆角样板的划线训练，体验了同一图形在图纸上绘制与在薄钢板上划线的不同。本任务是根据图 2-22b 所示的技能训练图要求，利用划线工具在图 2-22a 所示 ϕ 35 mm × 122 mm 的圆钢棒料上划出（22 ± 0.2）mm ×（22 ± 0.2）mm × 122 mm 的长方体加工线。

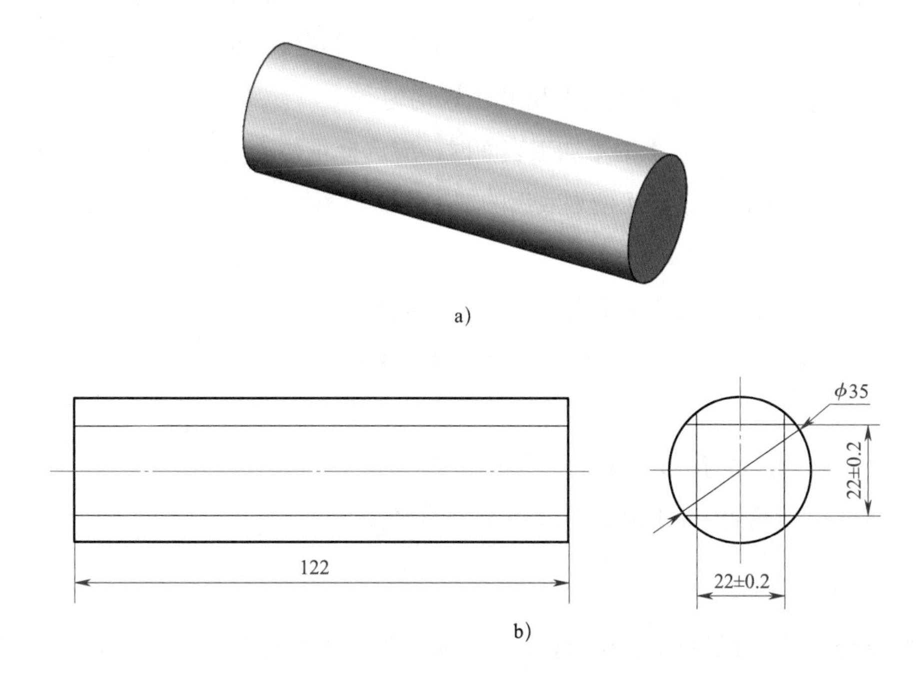

图 2-22　圆钢棒料划线技能训练图
a）圆钢棒料　b）划线技能训练图

进行立体划线前，应初步认识划线时找正和借料的方法，掌握利用 V 形架在圆钢棒料上划出长方体加工线的方法。

相关理论

一、找正的含义和目的

1. 找正的含义

所谓找正，就是利用划线工具使工件上有关毛坯表面处于合适的位置，如图 2-23 所示。

2. 找正的注意事项

（1）当工件上有不加工表面时，应按不加工表面找正后再划线，这样可使加工表面与不加工表面之间保持尺寸均匀。如图 2-23 所示轴承座毛坯的内孔和外圆不同轴，底面和 *A* 面不平行，划线前应进行找正。在划内孔加工线前，应先以外圆（不加工）为找正依据，用单脚划规找出其中心，然后以找出的中心为基准划出内孔的加工线，这样内孔和外圆就可以达到同轴要求。在划轴承座底面加工线前，应以 *A* 面（不加工）为依据，用划线盘找正 *A* 面的位置与划线平板基本平行，然后划出底面加工线，这样轴承座底座各处的厚度就比较均匀。

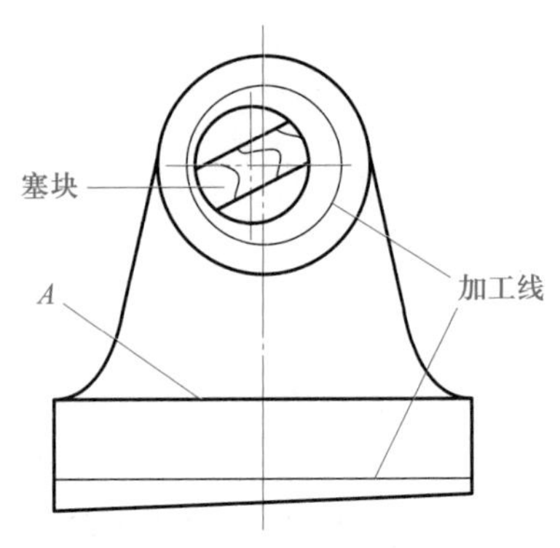

图 2-23　轴承座毛坯的找正

（2）当工件上有两个以上的不加工表面时，应选择重要的或较大的表面为找正依据，并兼顾其他不加工表面，这样可使划线后的加工表面与不加工表面之间尺寸比较均匀，而使误差集中到次要或不明显的部位。

（3）当工件上没有不加工表面时，将各加工表面自身位置找正后再划线，可使各加工表面的加工余量得到合理分配，避免加工余量相差悬殊。

3. 找正的目的

（1）使待加工表面与不加工表面之间的尺寸均匀。

（2）使待加工表面的加工余量得到合理和较均匀的分布。

二、借料的含义

所谓借料，就是通过试划和调整，合理分配各加工表面的加工余量，通过互相借用余量，从而保证各加工表面都有足够的加工余量，而误差和缺陷可在加工后排除。

如图 2-24 所示为内孔和外圆偏心量较大的圆环锻件毛坯。当不顾及毛坯孔而先划外圆再划内孔时，内孔加工余量不足，如图 2-24a 所示。如果不考虑外圆而先划内孔，则划外圆时加工余量仍然不足，如图 2-24b 所示。只有同时考虑内孔和外圆，采用借料的方法才能保证内孔和外圆均有足够的加工余量，如图 2-24c 所示，这种划线方法称为借料。

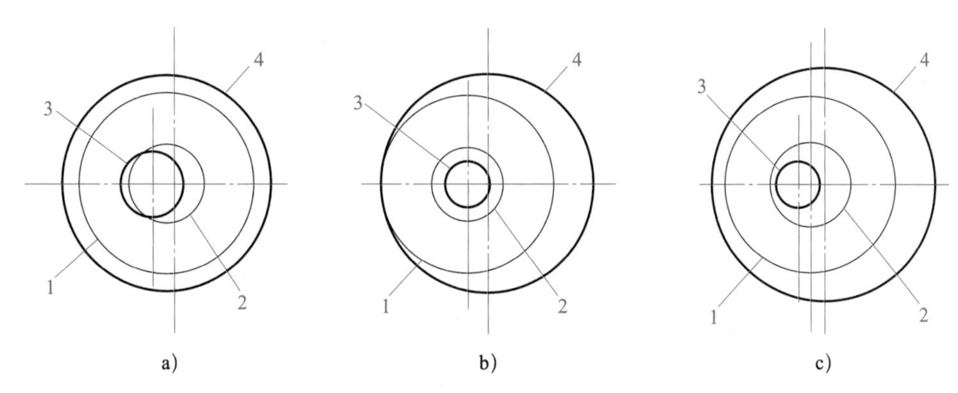

图 2-24 圆环的借料划线

a）以外圆找正 b）以内孔找正 c）借料划线

1—外圆 2—内孔 3—毛坯孔 4—毛坯外圆

当毛坯上的误差、缺陷用找正后的划线方法不能补救时，就要采用借料的方法来解决，使各表面的加工余量合理分配，互相借用，从而保证各加工表面都有足够的加工余量，而误差和缺陷可在加工后排除。

例 2-1 现有一毛坯件的形状误差如图 2-25 所示，其内孔、外圆都要加工，内孔加工后的尺寸为 ϕ32 mm，外圆为 ϕ62 mm，试确定其借料的大小和方向。

解：（1）根据图样的加工要求，确定借料的中心为 O_1、O_2 两点连线之间的任意一点 O，并作出假设的借料图，如图 2-26 所示。

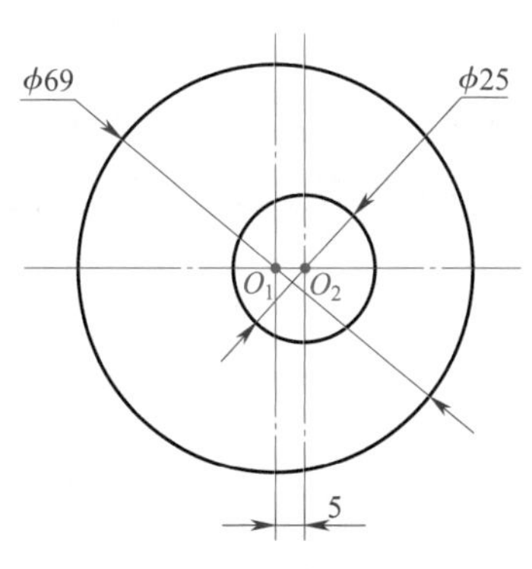

图 2-25 借料划线实例

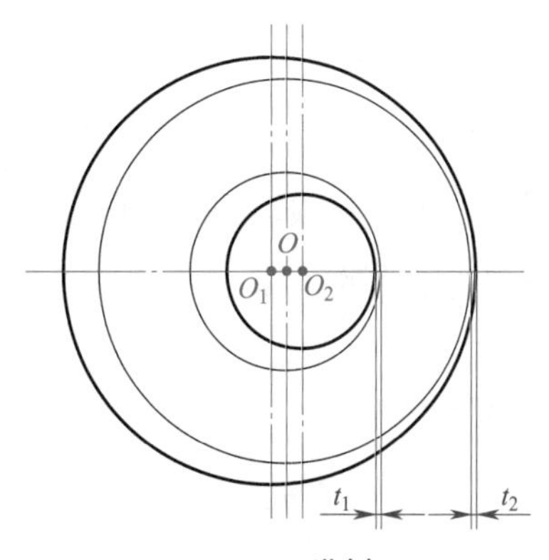

图 2-26 借料图

（2）设 O_1 点为毛坯外圆中心，O_2 点为毛坯内孔中心，O 点为借料中心，t_1 为毛坯内孔最小加工余量，t_2 为毛坯外圆最小加工余量。

（3）假设毛坯外圆和内孔在加工时 t_1=t_2，则：

$$t_1+t_2=\left(\frac{d_{毛}}{2}-O_1O_2-\frac{D_{毛}}{2}\right)-\left(\frac{d_{加}}{2}-\frac{D_{加}}{2}\right)=2\ \text{mm}$$

式中　$d_{毛}$——毛坯外圆直径，mm；

$D_{毛}$——毛坯内孔直径，mm；

$d_{加}$——外圆加工直径，mm；

$D_{加}$——内孔加工直径，mm。

因为

$$t_1=t_2$$

所以

$$t_1=t_2=\frac{t_1+t_2}{2}=1\ \text{mm}$$

（4）根据 t_1、t_2 的大小，求出 O_1O 和 O_2O 的大小：

$$O_1O=\frac{d_{毛}}{2}-\frac{d_{加}}{2}-t_2=2.5\ \text{mm}$$

$$O_2O=\frac{D_{加}}{2}-\frac{D_{毛}}{2}-t_1=2.5\ \text{mm}$$

（5）确定借料的方向：外圆的借料方向向右，借料量为 2.5 mm；内孔的借料方向向左，借料量为 2.5 mm。

三、借料的注意事项

1. 保证各加工表面都有最低限度的加工余量，对加工精度要求较高的表面，应保证其有足够的加工余量。

2. 应考虑加工表面与非加工表面之间的相对位置。对一些运动零件，要保证它的运动极限位置与非加工表面之间的最小间隙。

3. 尽可能保证加工后工件外观均匀、美观。

应该指出，在加工过程中，划线时的找正和借料这两项工作是密切结合进行的，找正和借料必须相互兼顾，使各方面都满足要求，如果只考虑一方面而忽略了其他方面，是不能做好划线工作的。

任务实施

一、操作准备

1. 工具和量具：钢直尺、划规、锤子、划针、样冲、刀口形直角尺、V 形架、游标高度卡尺、划线平板等，如图 2-27 所示。

2. 辅助工具：铜锤、白粉笔等。

3. 材料：每人一件 ϕ35 mm × 122 mm 的圆钢棒料。

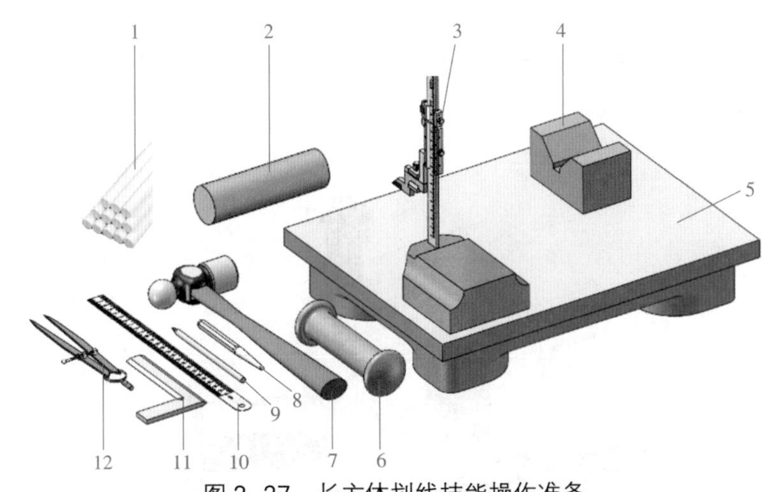

图 2-27　长方体划线技能操作准备

1—白粉笔　2—圆钢棒料　3—游标高度卡尺　4—V 形架　5—划线平板
6—铜锤　7—锤子　8—样冲　9—划针　10—钢直尺　11—刀口形直角尺　12—划规

二、操作步骤

1. 如图 2-28 所示，用白粉笔在工件毛坯表面涂色，涂色的目的在于使所划线条清晰。

图 2-28　用白粉笔涂色

2. 如图 2-29 所示，在划线平板上将工件放到 V 形架上，用游标高度卡尺测出工件外圆最高点至平板的实际尺寸值 M。

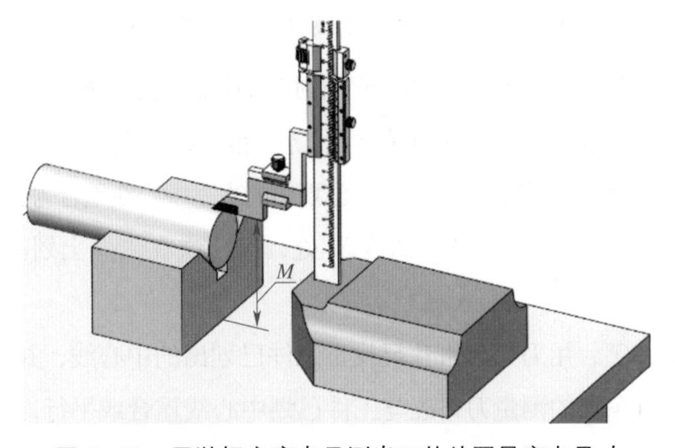

图 2-29　用游标高度卡尺测出工件外圆最高点尺寸

3. 如图 2-30 所示，把游标高度卡尺调至高度 $H\left(H=M-\dfrac{D}{2}\right)$ 处，用游标高度卡尺在圆钢棒料两端划出中心线。

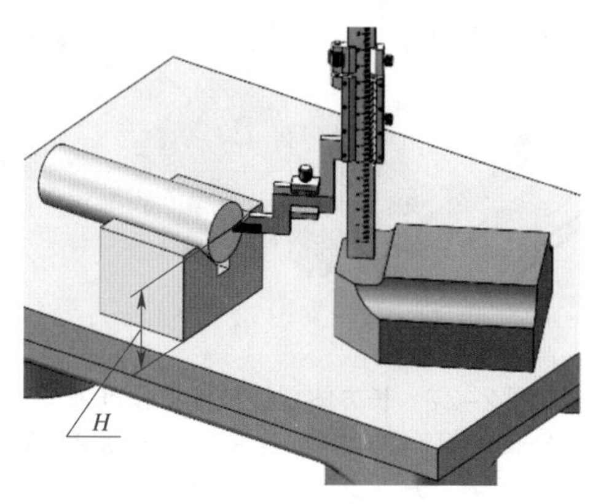

图 2-30　划中心线

4. 如图 2-31 所示，调整游标高度卡尺，使其升至高度 L_1 处：

$$L_1=H+11\ \text{mm}$$

左手按住工件上表面，使其在 V 形架中不发生转动，用游标高度卡尺在工件两端面和外圆上划出四周线条。

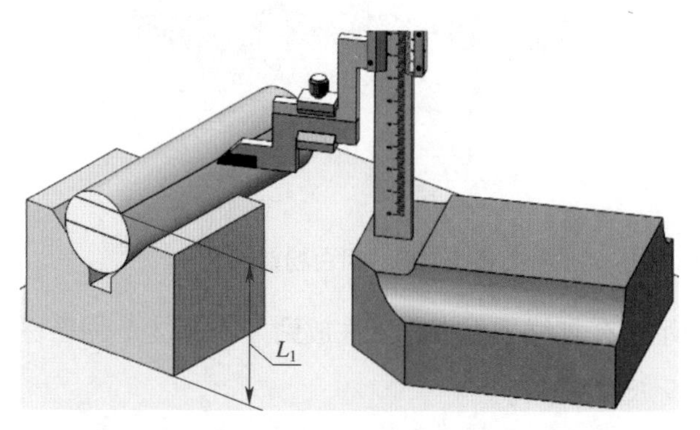

图 2-31　在工件上划高度为 L_1 的四周线条

5. 将工件翻转 180°，再次将游标高度卡尺调到工件中心高度 H 处，用游标高度卡尺的尺尖找正工件水平位置。通过尺尖的水平移动来检查工件端面中心线是否水平，若有倾斜，可略微转动工件，直至游标高度卡尺的尺尖位置能与已划出的水平中心线重合为止，如图 2-32 所示。

6. 调整游标高度卡尺，将其升至高度 L_1 处，第二次在工件上划高度为 L_1 的四周线条，如图 2-33 所示。

7. 将工件转动 90°，用刀口形直角尺找正工件已划出的中心线，并使其与划线平板垂直。此时，刀口形直角尺的测量刀口应与工件已划中心线重合或平行，若有倾斜，则可略微转动工件进行调整，如图 2-34 所示。

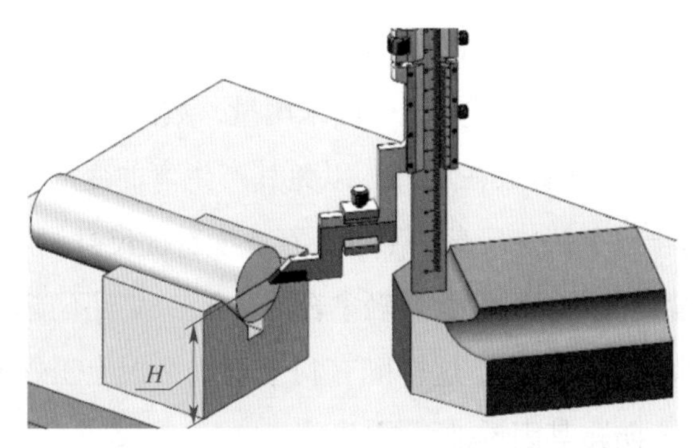

图 2-32　工件翻转 180° 后中心线水平位置的找正

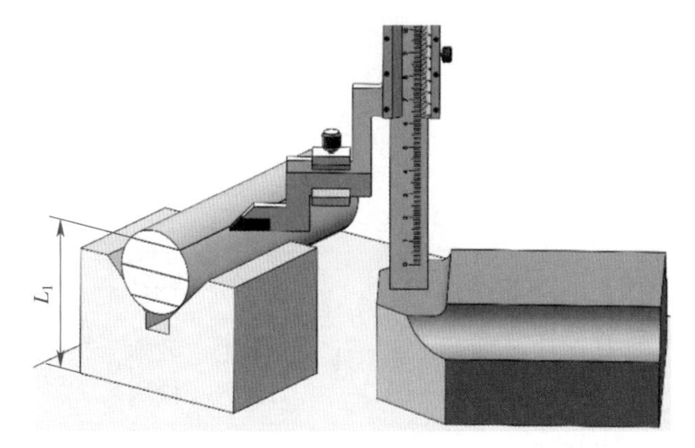

图 2-33　第二次在工件上划高度为 L_1 的四周线条

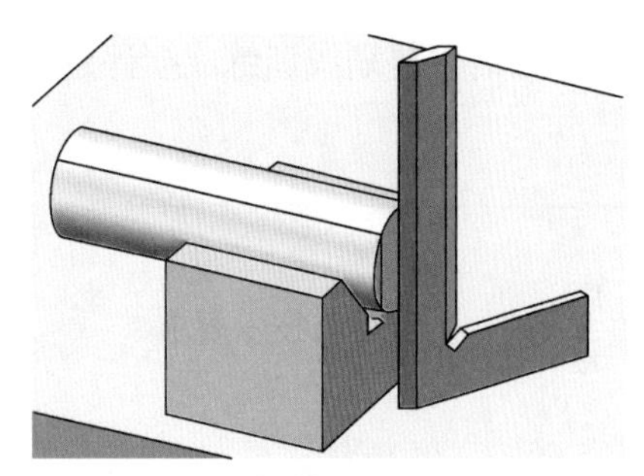

图 2-34　工件转动 90° 后中心线垂直位置的找正

8. 重复步骤 3 ~ 步骤 6，划出所有水平线条，至此全部线条划完，如图 2-35 所示。

9. 用钢直尺检查所划线条尺寸是否正确，并检查精度是否合格。

10. 在所划线条上打样冲眼，如图 2-36 所示。

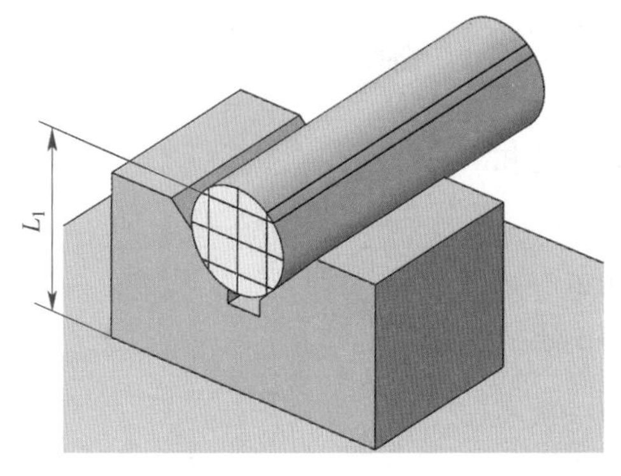

图 2-35　工件找正后再划所有水平线条

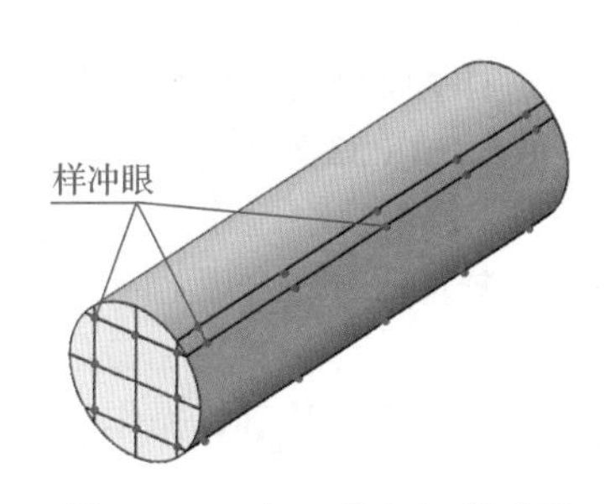

图 2-36　在工件上打样冲眼

三、操作提示

1. 用游标高度卡尺测量高度时，先松开游标高度卡尺的锁紧螺母，然后把游标高度卡尺的量爪调至一定高度，使其下工作面轻轻地接触圆钢棒料上表面。

2. 用量爪测量工件高度时，用其下工作面来测量，数值可直接从卡尺上读出。

3. 不要把游标高度卡尺横着放在盒外，以免其产生弯曲变形。搬移游标高度卡尺时，应一只手托住基座，另一只手扶住尺身，不准竖着或横着提尺身。

4. 工件、工具和量具在划线平板上要轻拿轻放，工作表面不能被划伤。注意将划线平板擦拭干净，最好能涂上少量机油，这样既有利于划线平板上工件、工具和量具的移动，又有利于保护划线平板，防止其因锈蚀而损坏。

5. 应正确使用划线工具，用后要将其放到指定位置，不能随意乱放。

评价反馈

圆钢棒料划线训练成绩评定见表 2-3。

表 2-3　圆钢棒料划线训练成绩评定

序号	项目与技术要求	配分	评分标准	检测方法或工具	检测结果		得分
					学生自测	教师检测	
1	涂色薄而均匀	10	总体评定	目测			
2	线条清晰且无重线（16 条）	1×16	线条不清晰或有重线每处扣 1 分	目测			
3	图形正确，呈正方形（2 处）	6×2	不正确酌情扣分	钢直尺、刀口形直角尺			
4	（22±0.2）mm（4 处）	4×4	每超差一处扣 4 分	钢直尺			
5	样冲眼偏离线条不大于 0.5 mm（32 处）	0.5×32	冲偏一处扣 0.5 分	目测			
6	样冲眼分布合理	10	分布不合理每处扣 1 分	目测			
7	使用工具正确，操作姿势正确	10	发现一次不正确扣 2 分	目测			
8	安全文明生产	10	不符合要求每次扣 2 分				
合计		100					

1. 什么是找正？根据什么找正？

2. 什么是借料？为什么要借料？

3. 现有一圆环毛坯，其外圆直径为 70 mm，内孔直径为 24 mm，由于铸造缺陷，使得内孔、外圆圆心偏移了 4 mm。图样要求其内孔、外圆都加工，内孔加工后的尺寸为 ϕ32 mm，外圆为 ϕ63 mm。试用 1：1 的比例画图并计算借料方向和大小。

4. 划线的注意事项有哪些？

项目三
锯　　削

任务一　锯削姿势练习

学习目标

1. 学会锯条的正确选用和安装。
2. 能叙述锯削的操作姿势和动作要领并进行操作。
3. 能叙述锯削操作注意事项。

任务描述

在日常生活中，人们常常会看到木工用手锯锯木头、园林绿化工用电锯修剪树木的例子。钳工用专用手锯锯断原材料或锯掉工件上多余部分的操作称为锯削。锯削质量的好坏常常会影响后续锉削的加工用时，甚至造成材料浪费。

本任务是通过在图 3-1b 所示的毛坯上进行锯削姿势训练，使学生掌握正确的锯削姿势和动作要领，并初步掌握锯削的基本操作技能。

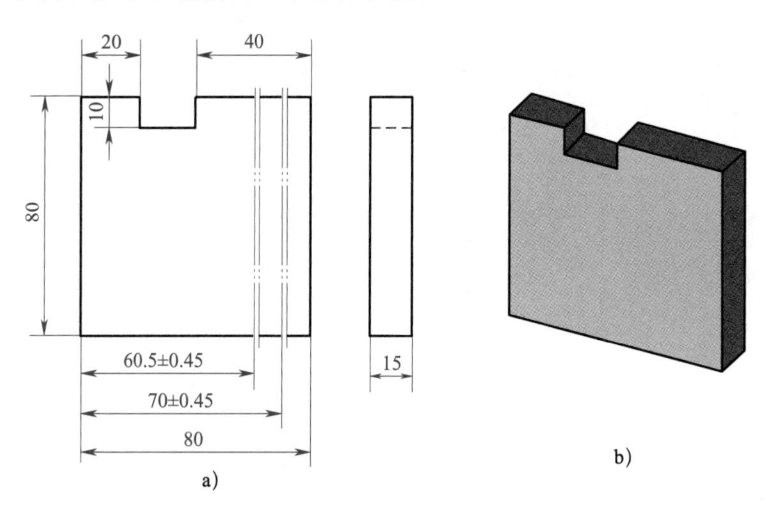

图 3-1　锯削技能训练图

a）零件图　b）锯削姿势练习用毛坯

学生先在图 3-1b 所示的 80 mm × 80 mm × 15 mm 铸铁件上按尺寸（70 ± 0.45）mm 练习锯削姿势，待掌握一定的锯削技能后，再按尺寸（60.5 ± 0.45）mm 进行锯削练习。

相关理论

锯削是指用手锯将工件材料截断，或在工件上锯出沟槽的工艺过程。

一、锯削工具

手锯是由锯弓和锯条两部分组成的。

1. 锯弓

锯弓是用来装夹并张紧锯条的工具，有固定式和可调式两种，如图 3-2 所示。

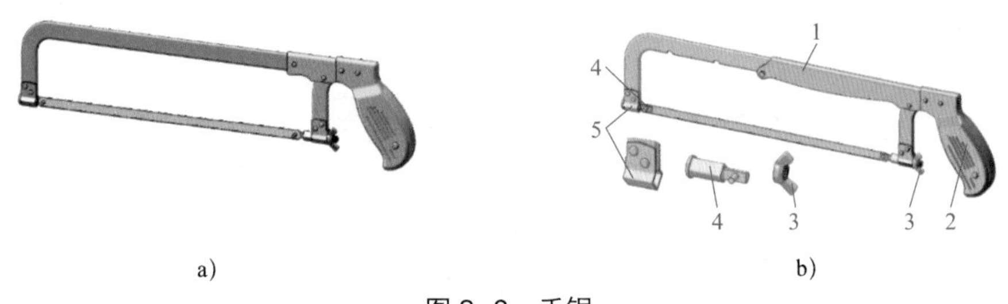

图 3-2　手锯

a）固定式　b）可调式

1—锯弓　2—手柄　3—翼形螺母　4—夹头　5—方形导管

固定式锯弓只使用一种规格的锯条；对于可调式锯弓，因弓架是由两段组成的，可使用几种不同规格的锯条。因此，可调式锯弓使用较为方便，它由手柄、方形导管、夹头等组成，夹头上装有挂锯条的销钉，后面的活动夹头上装有拉紧螺钉，并配有翼形螺母，以便拉紧锯条。

2. 锯条

锯条按使用场合不同可分为手用锯条和机用锯条两种。手用锯条一般是 300 mm 长的单向齿锯条。

（1）锯齿的切削角度

如图 3-3 所示，各锯齿的作用相当于一排同样形状的錾子，每个齿都参与切削，一般前角 γ_o=0°，后角 α_o=40°，楔角 β_o=50°。

（2）锯路

为了减小锯缝两侧面对锯条的摩擦力，避免锯条被夹住或折断，在制造锯条时，使锯齿按一定规律左右错开，排列成一定形状，称为锯路。锯路分为交叉形和波浪形，如图 3-4 所示。锯条有了锯路后，使工件上的锯缝宽度大于锯条背部的厚度，从而可防止夹锯现象和锯条过热，减少锯条的磨损。

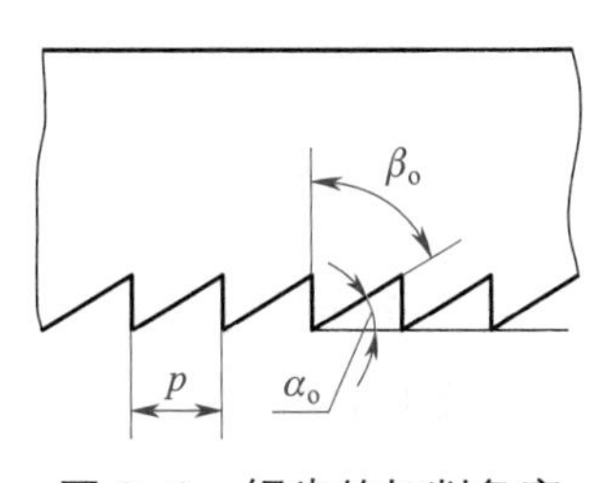

图 3-3　锯齿的切削角度

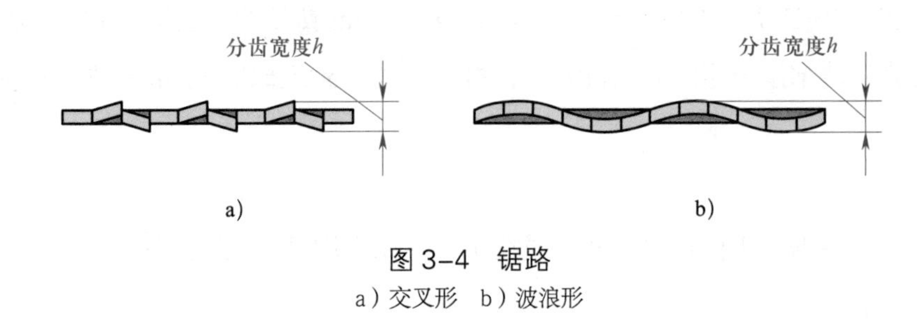

图 3-4　锯路
a）交叉形　b）波浪形

二、锯齿的粗细规格及其选用

1. 锯齿的粗细规格

锯齿的粗细规格是以锯条每 25 mm 长度内的锯齿数来表示的，一般分为粗齿、中齿、细齿三种，其应用见表 3-1。

表 3-1　锯齿的粗细规格和应用

锯齿规格	每 25 mm 长度内的齿数	应用
粗	14 ~ 18	锯削软钢、黄铜、铝、铸铁、纯铜、人造胶质材料
中	22 ~ 24	锯削中等硬度钢、厚壁的钢管和铜管
细	32	锯销薄片金属、薄壁管子
细变中	20 ~ 32	一般企业中用，易于起锯

2. 锯齿粗细规格的选用

一般来说，粗齿锯条的容屑槽较大，适用于锯削软材料或较大的切断面，因为在这种切削加工过程中，每锯一次所产生的切屑较多，只有大容屑槽才不至于发生堵塞而影响锯削效率。

锯削硬材料或切断面较小的工件时应选用细齿锯条，因硬材料不易锯入，每锯一次切屑较少，不易堵塞容屑槽；同时，细齿锯条同时参加切削的齿数较多，每齿担负的锯削量小，锯削阻力小，材料易于被切除，推锯省力，锯齿也不易磨损。

锯削管子和薄板时必须用细齿锯条；否则，会因齿距大于板厚，使锯齿被钩住而崩断。因此，锯削工件时，截面上至少要有两个以上的锯齿同时参加锯削，才能避免锯齿被钩住而崩断。

三、锯削方法

1. 锯削的基本姿势

（1）站立位置

锯削时的站立位置如图 3-5 所示，身体摆动要自然。

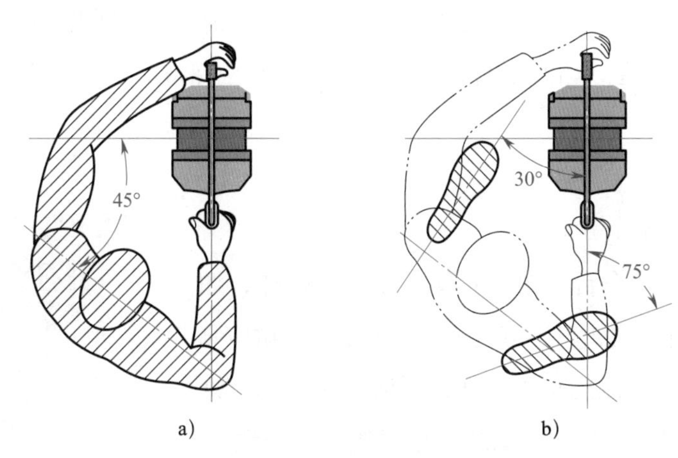

图 3-5 锯削站立位置

a）锯削时身体位置 b）锯削步位

（2）手锯握法

锯削时右手满握锯柄，左手扶在锯弓前端，如图 3-6 所示。

（3）锯削时的压力

锯削时，推力和压力由右手控制，左手主要配合右手扶正锯弓，压力不要过大。手锯推出时为切削行程，应施加压力；返回行程不切削，不加压力自然拉回手锯。工件将要被切断时要适当减小压力。

图 3-6 手锯的握法

（4）锯削时的运动和速度

锯削时一般采用小幅度的上下摆动式运动，即手锯推进时，身体略向前倾，双手随着压向手锯的同时，左手上翘，右手下压；回程时，右手上抬，左手自然跟回，如图 3-7 所示。

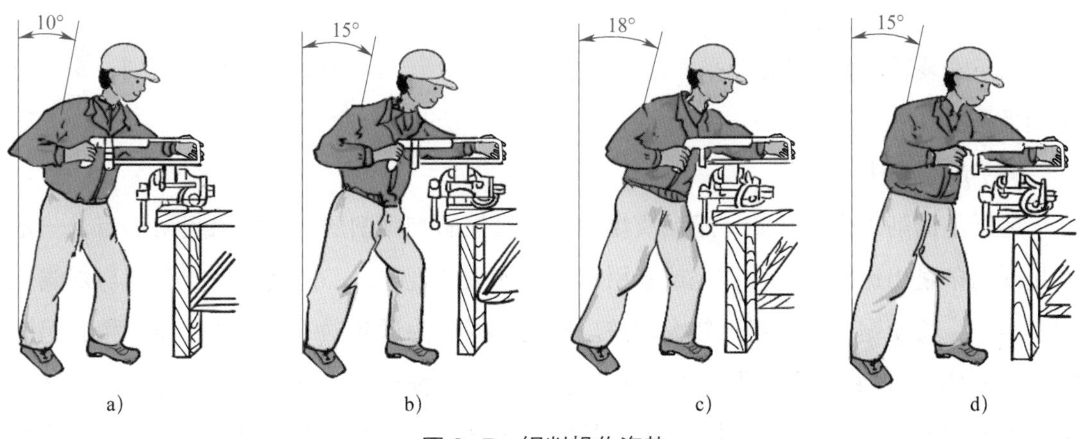

图 3-7 锯削操作姿势

对锯缝底面有平直要求时，锯削时必须采用直线运动。锯削运动的速度一般为 40 次 /min 左右，锯削硬材料时慢些，锯削软材料时快些。锯削行程应保持均匀，返回行程的速度应相对快些。

2. 锯削操作方法

（1）工件的夹持

工件一般应夹持在台虎钳的左侧，以便于操作，如图 3-8 所示。工件伸出钳口不应过长（以锯缝离开钳口侧面约 20 mm 为宜），以防止工件在锯削时产生振动。锯缝要与钳口侧面保持平行（使锯缝与铅垂线方向一致），以便于控制锯缝不偏离划线线条。工件夹紧要牢靠，同时要避免将工件夹变形或夹坏已加工表面。

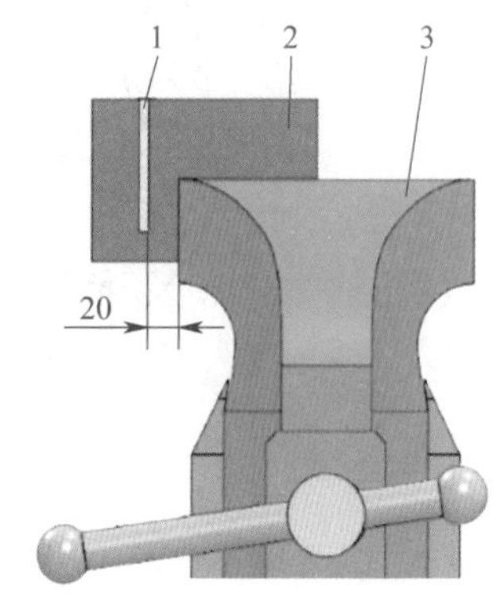

图 3-8　工件的夹持

1—锯缝　2—工件　3—台虎钳

（2）锯条的安装

安装锯条时锯齿方向应朝前，如图 3-9a 所示；如果装反了，如图 3-9b 所示，则锯齿前角为负值，不能正常锯削。在调节锯条松紧时，翼形螺母不宜旋得太紧或太松，太紧时锯条受力太大，在锯削中用力稍有不当就会折断；太松则锯条在锯削时容易扭曲，也易折断，而且锯出的锯缝容易歪斜。锯条松紧程度以用手扳动锯条感觉硬实即可。

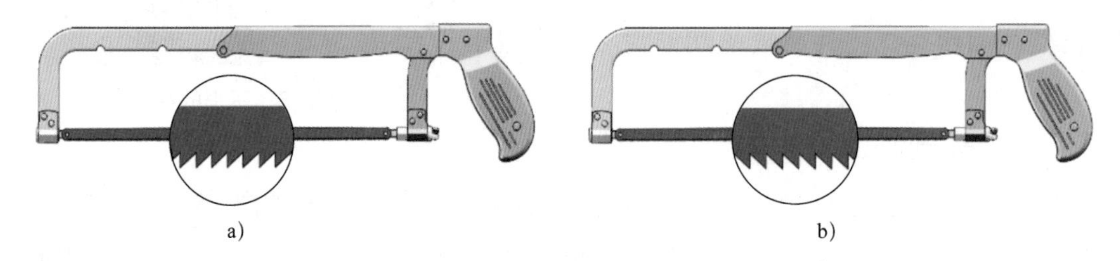

图 3-9　锯条的安装

a）正确　b）错误

锯条安装后，要保证锯条平面与锯弓中心平面平行，不得倾斜和扭曲；否则，锯削时锯缝极易歪斜。

（3）起锯方法

起锯是锯削工作的开始，起锯质量的好坏直接影响锯削质量。如果起锯不当，一是常出现锯条跳出锯缝将工件拉毛或者引起锯齿崩裂的现象；二是起锯后的锯缝与划线位置不一致，将使锯削尺寸出现较大偏差。起锯方式分为远起锯（见图 3-10a）和近起锯（见图 3-10b）两种。远起锯是指从工件远离操作者的一端起锯，锯齿是逐步切入材料的，不易被卡住，起锯较方便。近起锯是指从工件靠近操作者的一端起锯，这种方法如果掌握不好，锯齿容易被工件的棱边卡住，造成锯条崩齿，此时可通过向后拉手锯做倒向起锯，使起锯时接触的锯齿数量增加，再做推进起锯，锯齿就不会被工件的棱边卡住而崩齿。

图 3-10　起锯的方法

a）远起锯　b）近起锯

如图 3-11a 所示，如果起锯角太大，锯齿易被工件的棱边卡住；但若起锯角太小，如图 3-11b、c 所示，则会由于同时与工件接触的齿数较多而不易切入材料，锯条还可能打滑，使锯缝发生偏离，工件表面容易被拉出多道锯痕而影响表面质量。起锯时压力要小，行程要短，为了使起锯平稳，位置准确，可用左手拇指确定锯条位置，如图 3-11d 所示。无论采用哪种起锯方法，起锯角度均要合适，一般约为 15°。

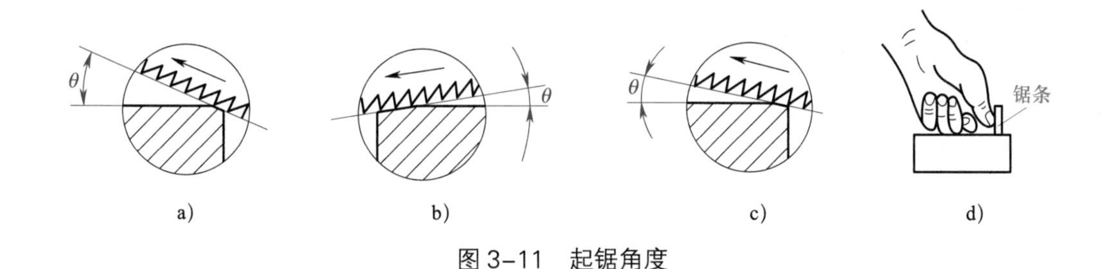

图 3-11　起锯角度

任务实施

一、操作准备

1. 工具和量具：手锯、锯条、划针、钢直尺、样冲、锤子等，如图 3-12a 所示。

2. 辅助工具：毛刷、白粉笔、油壶等，如图 3-12b 所示。

3. 材料：每人一块 80 mm × 80 mm × 15 mm 的铸铁件。

铸铁件的要求如下：铸铁件上带有两个凸台，用于项目四任务一的练习。两凸台左右两侧不对称，余量多的一侧用于本任务练习，同时考虑钳工实习时间限制，要求预先加工好一直角基准面（此铸铁件也是项目六任务二的练习件）。

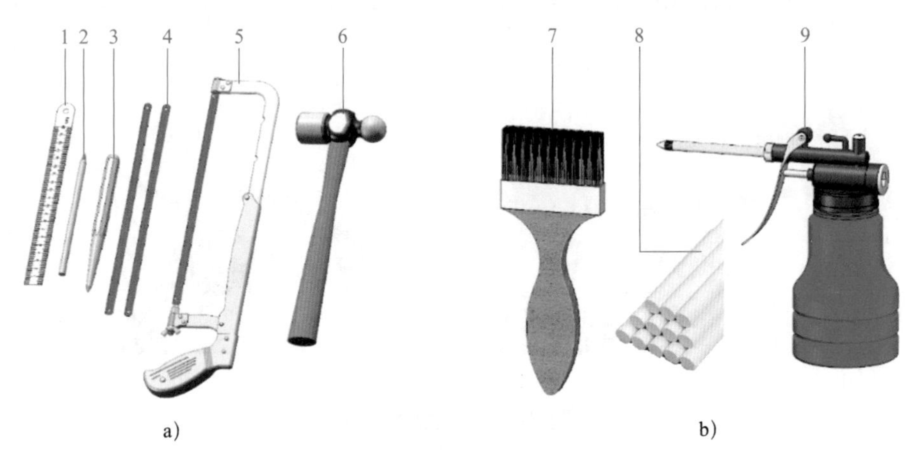

图 3-12　锯削技能训练操作准备

a）工具和量具　b）辅助工具

1—钢直尺　2—划针　3—样冲　4—锯条

5—手锯　6—锤子　7—毛刷　8—白粉笔　9—油壶

二、操作步骤

1. 正确安装锯条

根据锯削材料（铸铁）的硬度，选择粗齿锯条，安装锯条时齿尖的方向朝前，旋动活动夹头上的翼形螺母把锯条拉紧。

2. 通过练习掌握锯削要领

学生先在废板料上进行起锯与锯削基本动作练习，要求学生站位准确，动作协调，逐步掌握锯削要领。

3. 锯削操作练习

（1）划出锯削加工尺寸线

按图 3-13 所示的要求，以已加工好的基准面 A 为基准，用游标高度卡尺分别划出尺寸为 60.5 mm、62.5 mm、70 mm、72 mm 的锯削加工尺寸线。

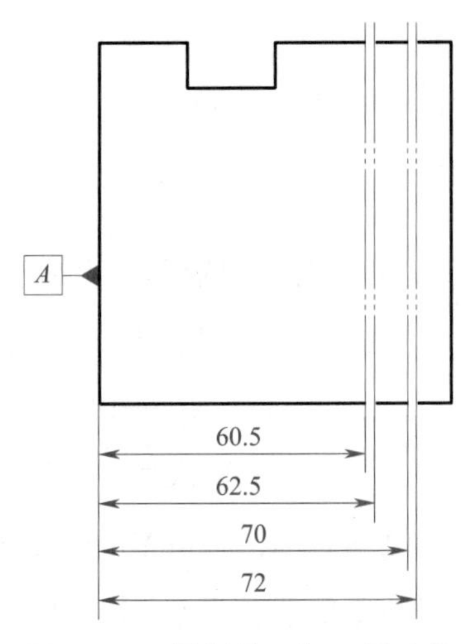

图 3-13　锯削练习加工尺寸线

（2）完成两次锯削操作

第一次在 70 mm 和 72 mm 锯削加工尺寸线之间锯削，要求锯缝在规定的两条加工尺寸线之间，锯削后的尺寸精度达到（70 ± 0.45）mm。待锯削技能达到一定水准后，再在 60.5 mm 和 62.5 mm 锯削加工尺寸线之间进行第二次锯削，锯削后的尺寸精度达到（60.5 ± 0.45）mm。

三、操作注意事项

1. 锯条安装方向正确，锯齿朝前。

2. 锯削时，压力适当，动作协调，经常检查锯缝是否平直。

3. 锯削过程中禁止用嘴吹工件上的切屑，以防止切屑飞入眼中。

4. 锯削过程中禁止用手触摸锯削面，以防止手被划伤。

5. 适当加润滑油，以免锯条因过热而磨损。

6. 要求锯缝在规定的加工尺寸线内。

评价反馈

锯削姿势训练成绩评定见表 3-2。

表 3-2　锯削姿势训练成绩评定

序号	项目与技术要求	配分	评分标准	检测方法或工具	检测结果		得分
					学生自测	教师检测	
1	（70 ± 0.45）mm	25	超差不得分	钢直尺			
2	（60.5 ± 0.45）mm	25	超差不得分	钢直尺			
3	锯条安装正确	10	不符合要求酌情扣分	目测			
4	锯削姿势正确	20	不符合要求酌情扣分	目测			
5	锯削断面纹路整齐	10	不符合要求酌情扣分	目测			
6	去毛刺	5	不符合要求酌情扣分	目测			
7	安全文明生产	5	不符合要求酌情扣分				
合计		100					

1. 锯齿的切削角度有什么特点？如果锯条装反会有哪些影响？

2. 什么是锯路？锯路的作用是什么？

3. 锯条锯齿的粗细规格如何表示？怎样正确选择锯条的粗细规格？

4. 锯削时的起锯方式有哪几种？各自的特点是什么？

5. 起锯角对锯削质量有哪些影响？如何选择起锯角？

任务二　长方体的锯削

学习目标

1. 能叙述游标卡尺的刻线原理和读数方法并进行测量。
2. 继续巩固锯削操作姿势，并在钢件上完成长方体的锯削练习，锯削精度达到图样要求。

任务描述

学生根据图 3-14 所示的锯削技能训练图要求，在 ϕ35 mm × 122 mm 的圆钢棒料上锯削出（22 ± 0.2）mm ×（22 ± 0.2）mm × 122 mm 的长方体。本任务是在项目二任务二中完成的圆钢棒料立体划线的基础上进行锯削练习，主要通过学生具体操作，在圆钢棒料上锯削出图 3-14b 所示的长方体。

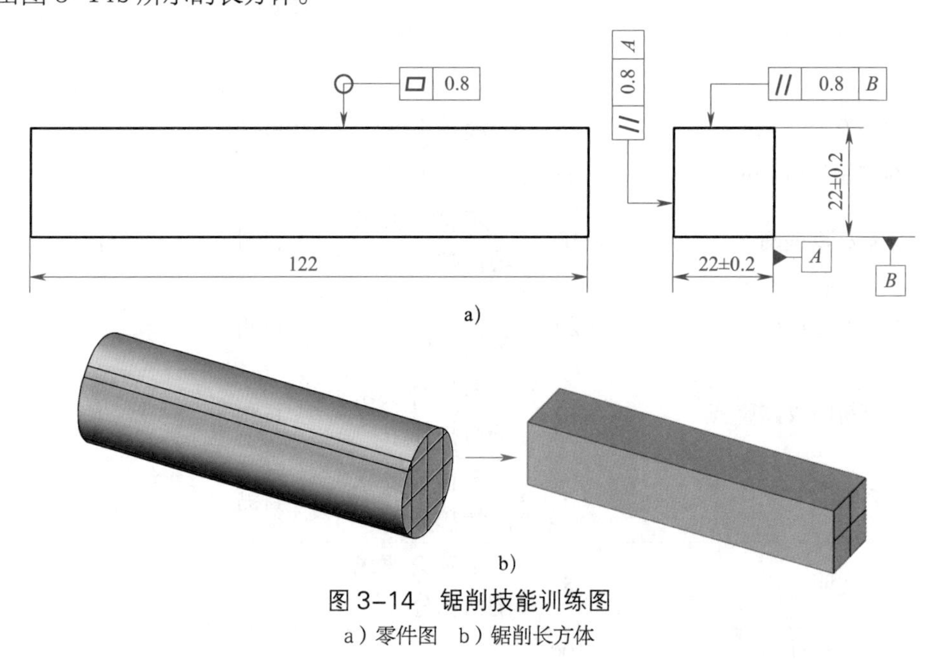

图 3-14　锯削技能训练图
a）零件图　b）锯削长方体

在机械制造和生产过程中常用到各种各样的金属材料和非金属材料，而金属材料中最典型、最传统的是铸铁件和钢件，本任务的棒料就是钢件。通过本任务的操作训练，进一步巩固锯削操作姿势，提高锯削基本操作技能，体会锯削不同材料的区别。

相关理论

游标卡尺是一种中等精度的量具，它可以直接测量出工件的外径、孔径、长度、宽度、深度和孔距等尺寸。

一、游标卡尺的结构

游标卡尺的结构（以分度值为 0.02 mm 的游标卡尺为例）如图 3-15 所示。

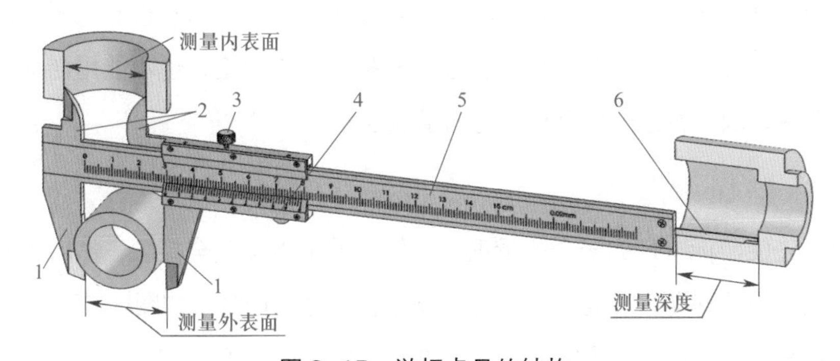

图 3-15　游标卡尺的结构

1—外测量爪　2—内测量爪　3—制动螺钉　4—游标尺　5—主标尺　6—深度尺

游标卡尺主要由主标尺和游标尺等组成。使用时，旋松固定游标尺用的制动螺钉即可进行测量。外测量爪用来测量工件的外径和长度，内测量爪用来测量孔径和槽宽，深度尺用来测量工件的深度和台阶的长度。测量时移动游标尺使测量爪与工件接触，取得尺寸后，最好把制动螺钉拧紧后再读数，以防止尺寸发生变动。

二、游标卡尺的刻线原理

主标尺上每一小格为 1 mm，当两测量爪并拢时，游标尺上的 50 小格正好与主标尺上的 49 mm 对正，因此，主标尺与游标尺每小格之差为 $1\ \text{mm}-\frac{49}{50}\ \text{mm}=0.02\ \text{mm}$。

此差值即为 0.02 mm 游标卡尺的分度值。

三、游标卡尺的读数方法

如图 3-16 所示，游标卡尺的读数方法如下：

第一步，读出游标尺上零线左边主标尺的整毫米数，主标尺上每格为 1 mm，即读出整数值为 90 mm。

第二步，看游标尺上哪一条刻线与主标尺上某刻线对齐，将该刻线数乘以 0.02 mm 就是小数部分，即读出小数部分为 $21\times0.02\ \text{mm}=0.42\ \text{mm}$。

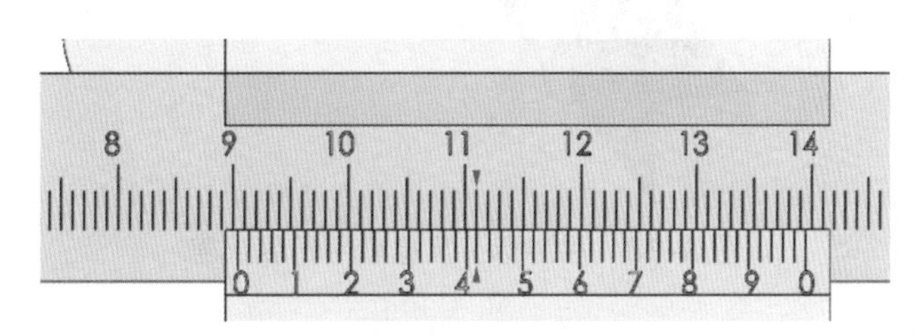

图 3-16　游标卡尺的读数方法

第三步，把主标尺和游标尺上的尺寸加起来即为测得的尺寸，即 90 mm+0.42 mm= 90.42 mm。

游标卡尺只适用于中等精度（IT16 ~ IT10 级）尺寸的测量和检验。不能用游标卡尺测量铸造、锻造等毛坯件，否则会使量具很快磨损而失去精度；也不能用游标卡尺测量精度要求高的工件，因为游标卡尺存在一定的示值误差。

四、游标卡尺的测量要点

测量时，先使游标卡尺的一个测量爪与工件的被测表面完全接触，然后用右手拇指推动另一个测量爪向前移动，直至与工件另一被测表面完全接触，如图 3-17a 所示，即可进行读数。不可使游标卡尺处于歪斜位置时读数，如图 3-17b 所示。

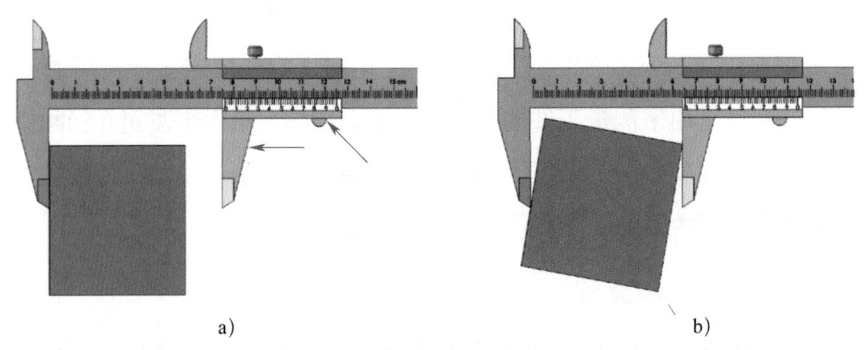

图 3-17　游标卡尺的测量方法

a）正确　b）错误

五、用游标卡尺检查平行度的方法

利用游标卡尺测量被测平面与基准面之间的尺寸，在两端和中部共测量三处，其最大值与最小值的差值就是平行度误差，如图 3-18 所示。

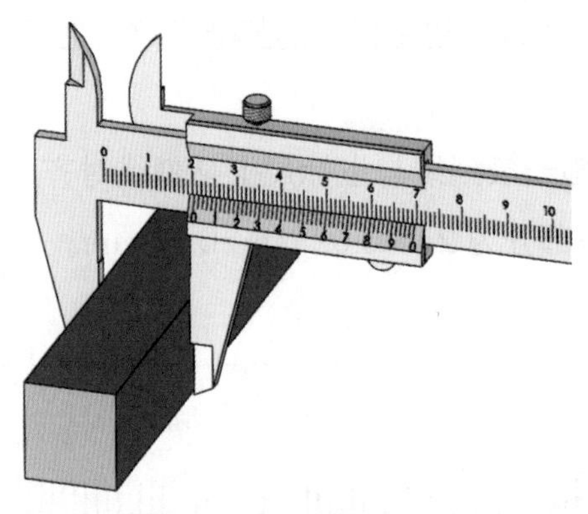

图 3-18　用游标卡尺检查平行度误差

任务实施

一、操作准备

1. 工具和量具：锯条（若干）、手锯、游标卡尺、钢直尺、刀口形直尺、塞尺等，如图 3-19a 所示。

2. 辅助工具：软钳口衬垫、毛刷、油壶等，如图 3-19b 所示。

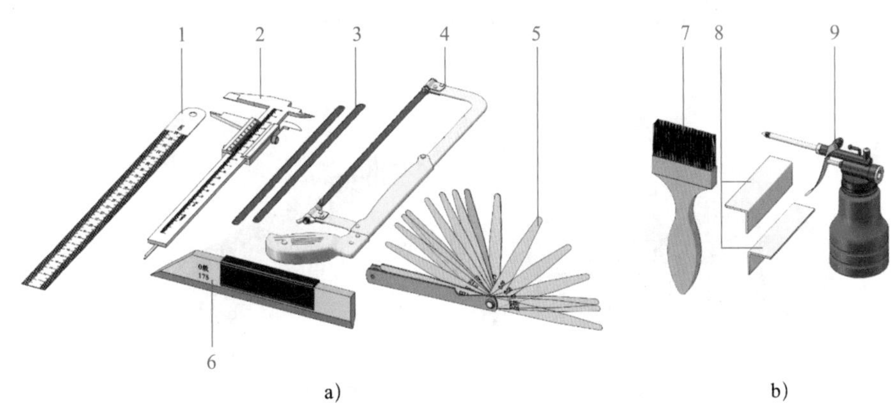

图 3-19　锯削长方体技能操作准备

a）工具和量具　b）辅助工具

1—钢直尺　2—游标卡尺　3—锯条　4—手锯

5—塞尺　6—刀口形直尺　7—毛刷　8—软钳口衬垫　9—油壶

3. 材料：由项目二任务二转入的已完成划线工作的圆钢棒料，如图 3-20 所示。

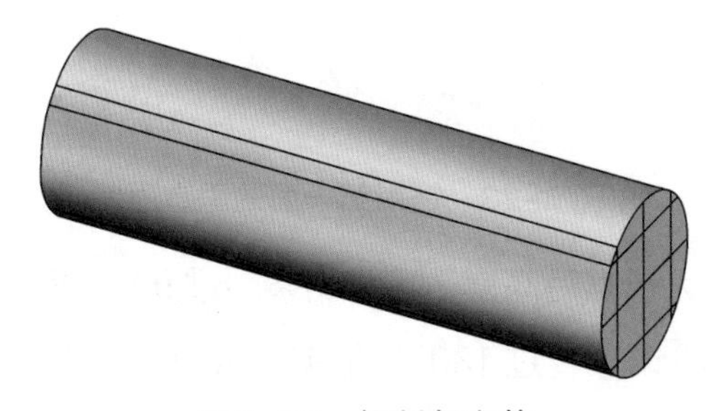

图 3-20　锯削长方体

二、操作步骤

1. 锯削第一面，使其达到平面度公差 0.8 mm 和加工面的尺寸要求，如图 3-21 所示。

2. 锯削第一面的对面，使其达到平面度公差 0.8 mm、平行度公差 0.8 mm、尺寸（22 ± 0.2）mm 的要求，如图 3-22 所示。

3. 锯削第一面的垂直面，使其达到平面度公差 0.8 mm 和加工面的尺寸要求，如图 3-23 所示。

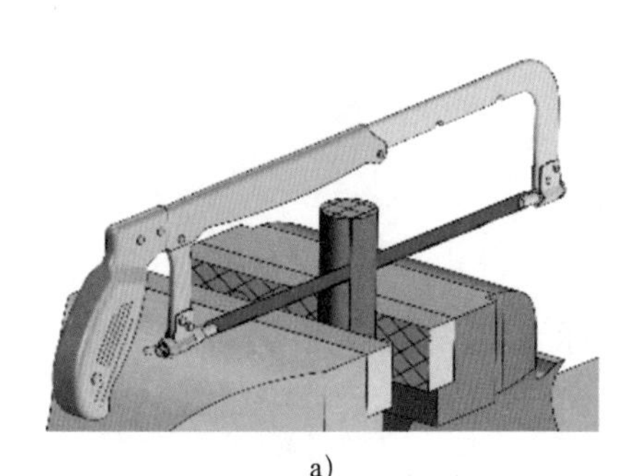

a）

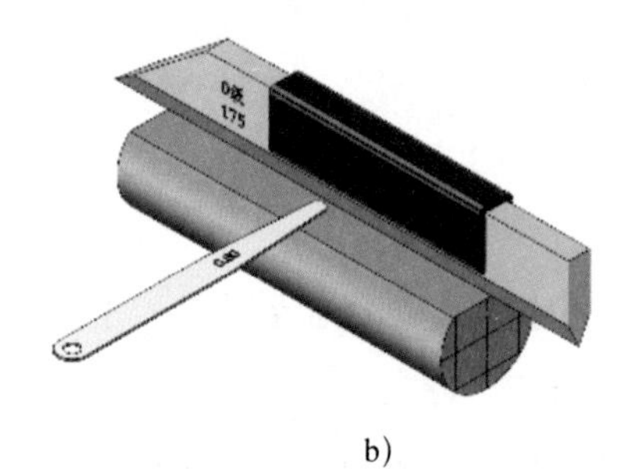

b）

图 3-21　加工及检查第一面

a）锯削第一面　b）用刀口形直尺和塞尺检查锯削平面度误差

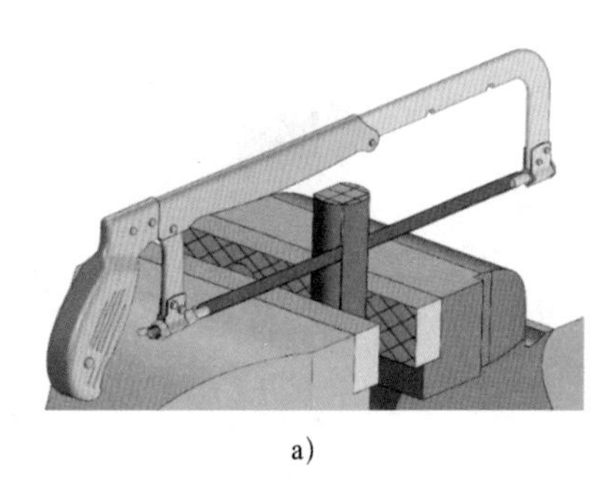

a）

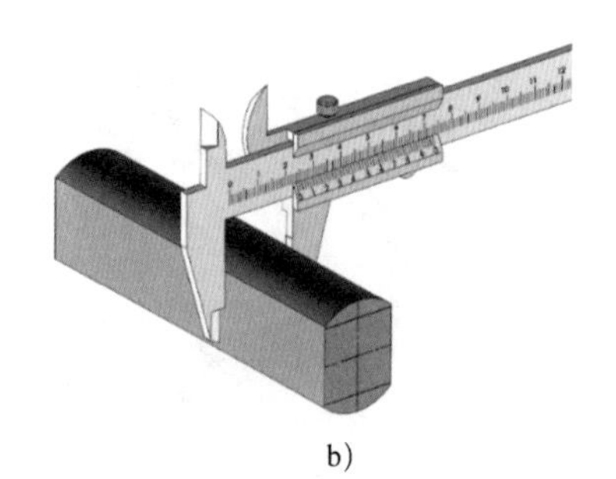

b）

图 3-22　加工及检查第一面的对面

a）锯削第一面的对面　b）用游标卡尺检查锯削尺寸和几何精度

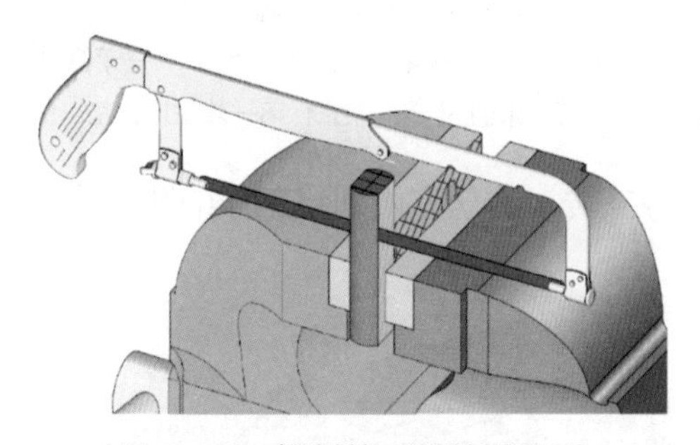

图 3-23　锯削第一面的垂直面

锯削时，若锯缝深度大于锯弓高度，可将锯条转过 90°后重新安装，使锯弓在工件的外侧（见图 3-24b）；或将锯条转过 180°，把锯弓放置在工件的底部继续进行锯削，如图 3-24c 所示。锯削板料时应使锯条从一个方向锯到底，以保证锯缝断面平整。

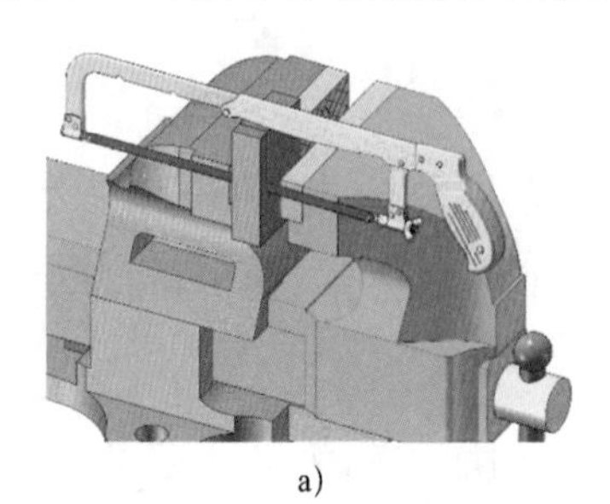

a）

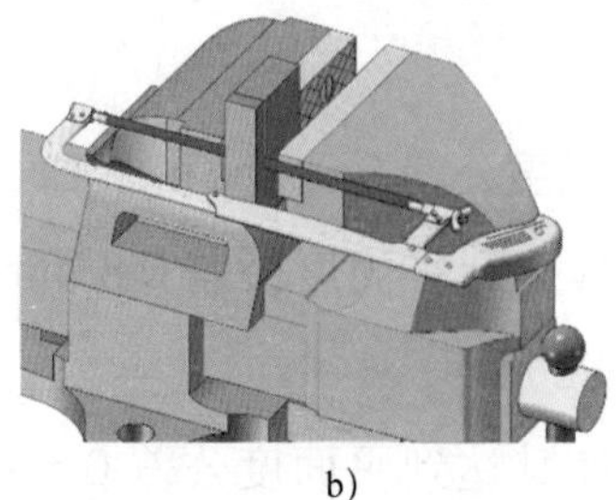

b）

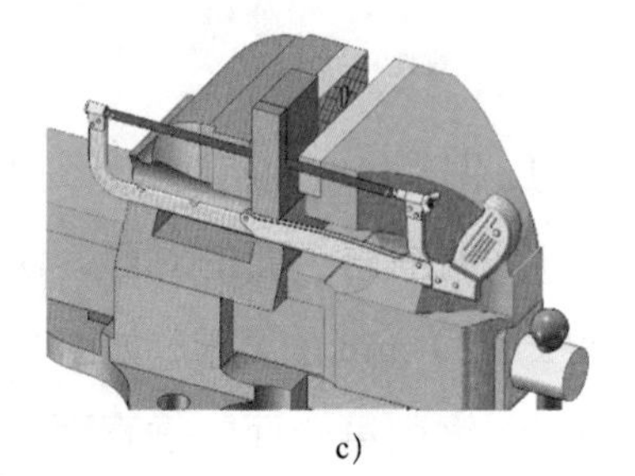

c）

图 3-24　锯缝深度大于锯弓高度的操作方法

4. 锯削第四面，使其达到平面度公差 0.8 mm、平行度公差 0.8 mm、尺寸（22±0.2）mm 的要求，如图 3-25 所示。

5. 去毛刺，送检。

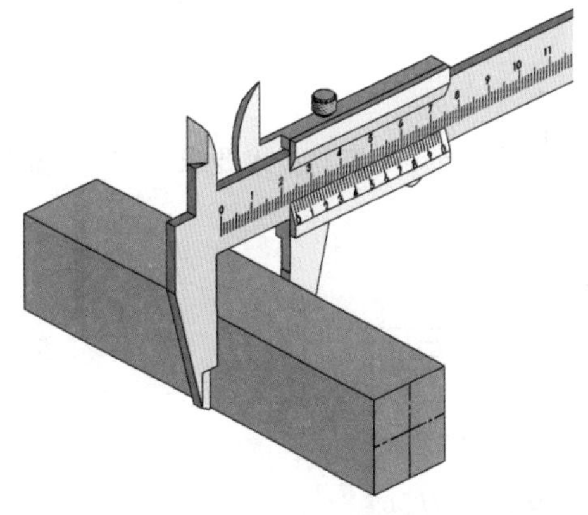

图 3-25　检查第三面和第四面的尺寸与几何精度

三、操作注意事项

1. 选择中齿锯条进行锯削操作。

2. 锯削速度以 20 ～ 40 次 /min 为宜，不宜过快。

3. 锯削过程中要经常检查锯缝的直线度，出现歪斜现象应及时纠正。

评价反馈

锯削姿势及锯削长方体训练成绩评定见表 3-3。

表 3-3　锯削姿势及锯削长方体训练成绩评定

序号	项目与技术要求	配分	评分标准	检测方法或工具	检测结果		得分
					学生自测	教师检测	
1	工件夹持正确	5	不符合要求酌情扣分	目测			
2	工具和量具摆放位置正确，排列整齐	5	不符合要求酌情扣分	目测			
3	握锯正确、自然	5	不符合要求酌情扣分	目测			
4	锯削姿势正确	5	不符合要求酌情扣分	目测			
5	锯削断面纹路整齐	5	不符合要求酌情扣分	目测			
6	锯条使用正确	5	不符合要求酌情扣分	目测			
7	（22±0.2）mm（4 处）	7×4	每超差 0.2 mm 扣 10 分	游标卡尺			

续表

序号	项目与技术要求	配分	评分标准	检测方法或工具	检测结果		得分
					学生自测	教师检测	
8	⏥ 0.8 （4处）	5×4	每超差 0.2 mm 扣 10 分	刀口形直尺、塞尺			
9	// 0.8 *A*	8	每超差 0.1 mm 扣 4 分	游标卡尺			
10	// 0.8 *B*	8	每超差 0.1 mm 扣 4 分	游标卡尺			
11	安全文明生产	6	不符合要求每次扣 2 分				
合计		100					

1. 简述 0.02 mm 游标卡尺的刻线原理和测量要点。
2. 当锯缝的深度超过锯弓的高度时，应如何进行锯削？
3. 结合实际操作中的体会，简述锯缝歪斜的原因。

任务二　薄板和薄壁管的锯削

学习目标

1. 能描述薄板、薄壁类零件锯削时的装夹方法并进行装夹操作。
2. 能使用手锯进行薄板、薄壁类零件的锯削并达到一定的锯削精度。

任务描述

实际生产中，毛坯除了棒料和方料外，还有薄板料、薄壁管料，对于这类材料，若采用前面学过的方法进行锯削，往往无法顺利地完成加工任务。

本任务是通过图 3-26 所示薄板、薄壁管类零件的锯削训练，学会选择不同的锯条，采用相应的锯削方法，完成对各种形状材料的锯削任务，达到进一步提高锯削技能的目的。

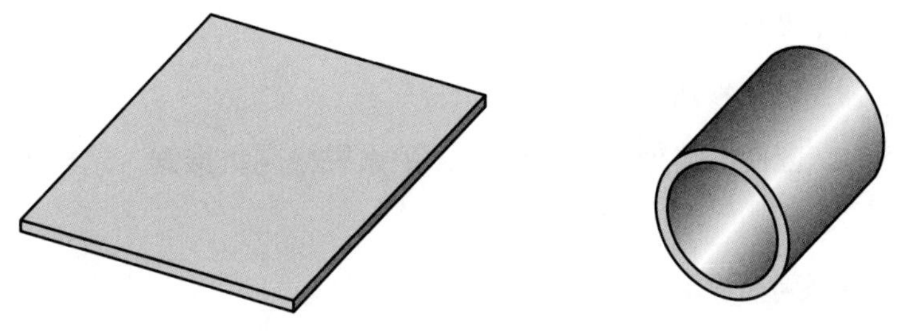

图 3-26　薄板和薄壁管类零件

任务 1：学生根据图 3-27 所示的技能训练图要求，在 60 mm × 80 mm × 2 mm 的薄板料上锯削出（50 ± 0.40）mm × 80 mm × 2 mm 的长方形薄板。

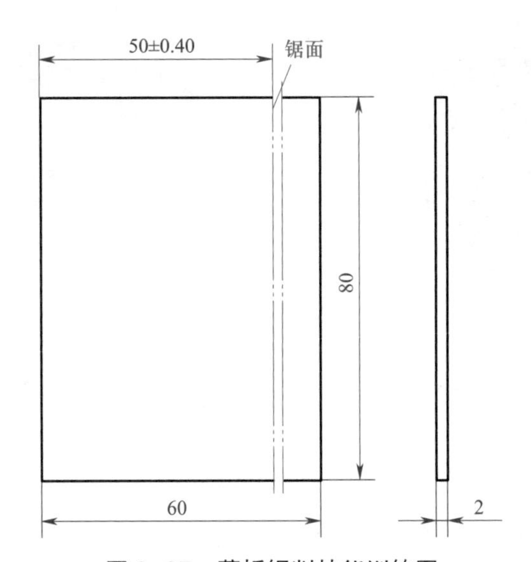

图 3-27　薄板锯削技能训练图

任务 2：学生根据图 3-28 所示技能训练图要求，在 ϕ30 mm × 2.5 mm × 40 mm 的薄壁钢管上锯削出一段长（30 ± 0.40）mm 的钢管。

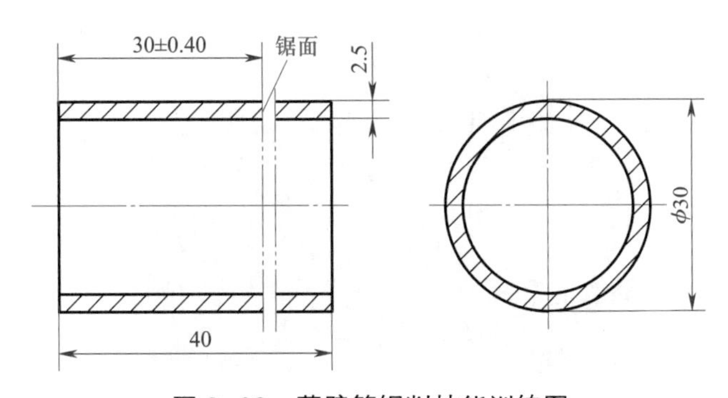

图 3-28　薄壁管锯削技能训练图

相关理论

一、薄板的锯削方法

1. 横向斜推锯削薄板料法

锯削薄板料时，应使锯缝处于水平位置，手锯做横向斜推锯，这样锯齿不易被钩住，如图 3-29 所示。

2. 用木板夹持锯削薄板料法

当一定要在板料的窄面锯下去时，应该把板料夹在两块木板之间，连同木板一起锯下，这样才可避免锯齿被钩住；同时也提高了板料的刚度，锯削时不会颤动，如图 3-30 所示。

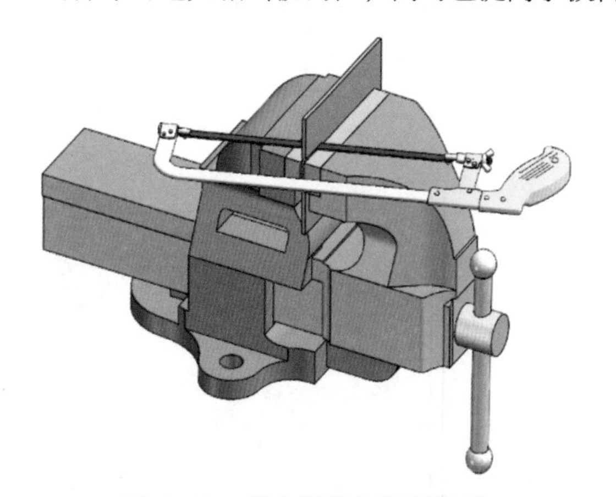

图 3-29　横向斜推锯削薄板料

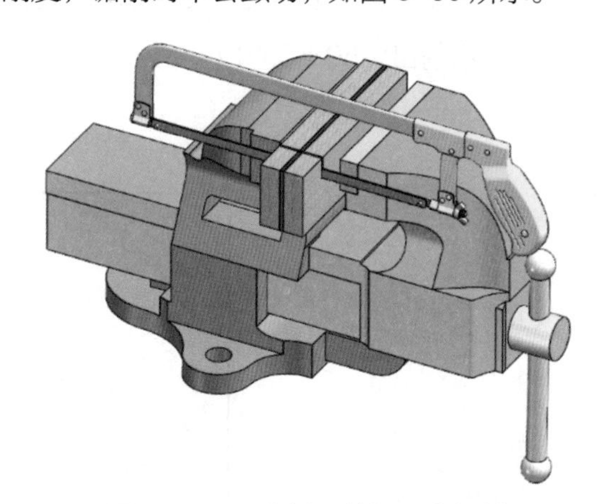

图 3-30　用木板夹持锯削薄板料

二、薄壁管类零件的锯削方法

锯削管子时先要正确夹持管子。对于薄壁管子和精加工过的管子，应将其夹在有 V 形槽的木垫之间，以防将管子夹扁或夹坏管子表面，如图 3-31 所示。锯削时不要只在一个方向上锯，要多转几个方向，每个方向只锯到管子的内壁处，直至将管子锯断为止，如图 3-32 所示。

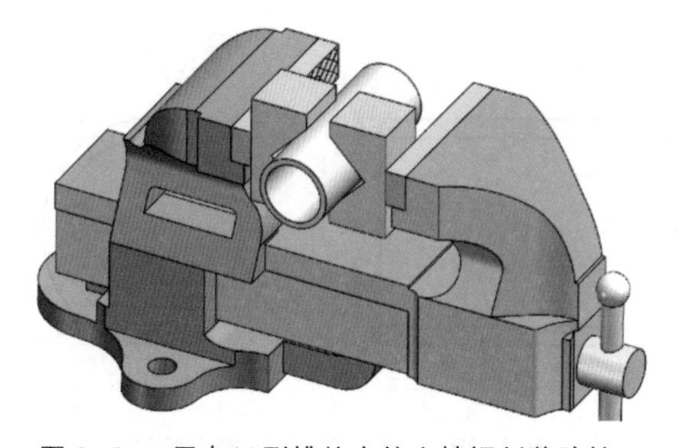

图 3-31　用有 V 形槽的木垫夹持锯削薄壁管子

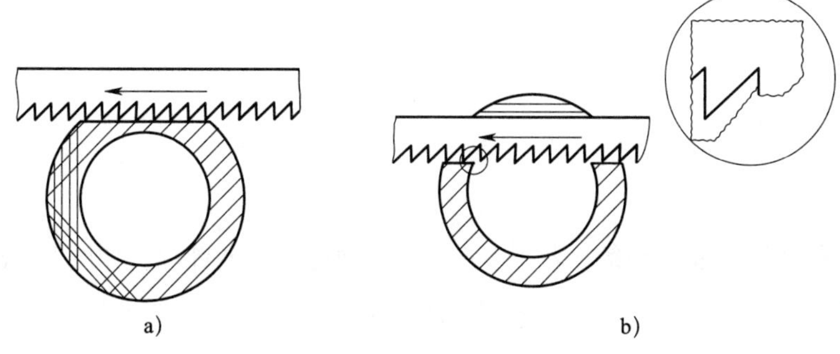

图 3–32　管子的锯削
a）转位锯削　b）不正确的锯削方式

锯削薄板料和薄壁管子时应选择细齿锯条，这样同时参加切削的齿数较多，每齿担负的锯削量小，锯削阻力小，易于将材料切除，推锯省力，锯齿也不易磨损。

三、锯条损坏和锯缝歪斜的原因

锯条损坏（锯齿崩裂、锯条折断）和锯缝歪斜的原因见表 3–4。

表 3–4　锯条损坏和锯缝歪斜的原因

出现的问题	产生的原因
锯齿崩裂	1. 锯削薄壁管子和薄板料时没有选用细齿锯条 2. 起锯角太大或采用近起锯时用力过大 3. 锯削时突然加大压力，锯齿被工件的棱边钩住而崩断
锯条折断	1. 锯条装得过紧或过松 2. 工件装夹不正确，锯削部位距钳口太远，以至于产生抖动或松动 3. 锯缝歪斜后强行纠正，使锯条被扭断 4. 用力太大或锯削时突然加大压力 5. 新换锯条在旧锯缝中被卡住而折断（新换锯条后一般要改换方向再锯，如只能从旧锯缝锯下去，则应减慢速度及减小压力，并要特别小心） 6. 工件锯断时没有及时掌握好，使手锯与台虎钳等相撞而导致锯条折断
锯缝歪斜	1. 装夹工件时，锯缝与铅垂线方向不一致 2. 锯条安装太松或相对锯弓平面扭曲 3. 使用锯齿两面磨损不均匀的锯条 4. 锯削压力过大而使锯条左右偏摆 5. 锯弓未扶正或用力歪斜，使锯条偏离锯缝中心平面而斜靠在锯削断面的一侧

任务实施

一、锯削薄板件

1. 操作准备

（1）工具和量具：细齿锯条（若干）、手锯、钢直尺、划针等，如图 3-33 所示。

（2）辅助工具：台虎钳、木块、毛刷、油壶等。

（3）材料：60 mm × 80 mm × 2 mm 薄板料若干（注：薄板料规格不限，教师可以利用废料或项目二任务一中的板料进行练习，教师也可以自行设计具体尺寸）。

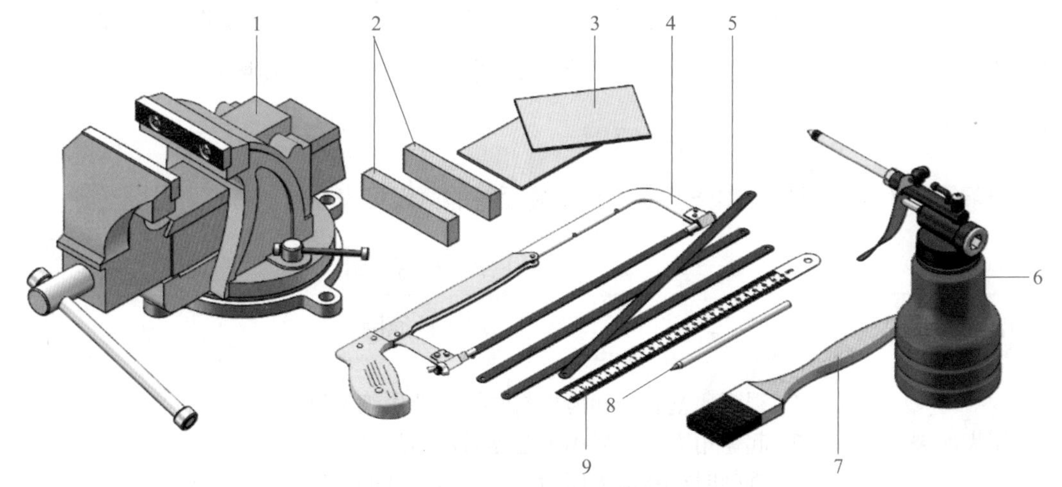

图 3-33　薄板锯削操作准备

1—台虎钳　2—木块　3—薄板料　4—手锯
5—细齿锯条　6—油壶　7—毛刷　8—划针　9—钢直尺

2. 操作步骤

（1）用钢直尺和划针在薄板料上划出 50 mm 锯削位置线。

（2）用木块夹持薄板料并将其一起夹持在台虎钳上，连同木块一起锯下来，完成薄板料窄面上锯削操作（本操作是采用木板夹持锯薄板料法，在实际操作中也可采用横向斜推锯薄板料法来完成加工）。

（3）去除毛刺和飞边，用钢直尺检查尺寸。

二、锯削薄壁管

1. 操作准备

（1）工具和量具：细齿锯条（若干）、手锯、钢直尺等，如图 3-34 所示。

（2）辅助工具：台虎钳、有 V 形槽的木垫、油壶、滑石（或粉笔）、矩形纸条等。

（3）材料：ϕ 30 mm 的薄壁钢管，长度为 40 mm（规格不限，可以采用废料进行练习）。

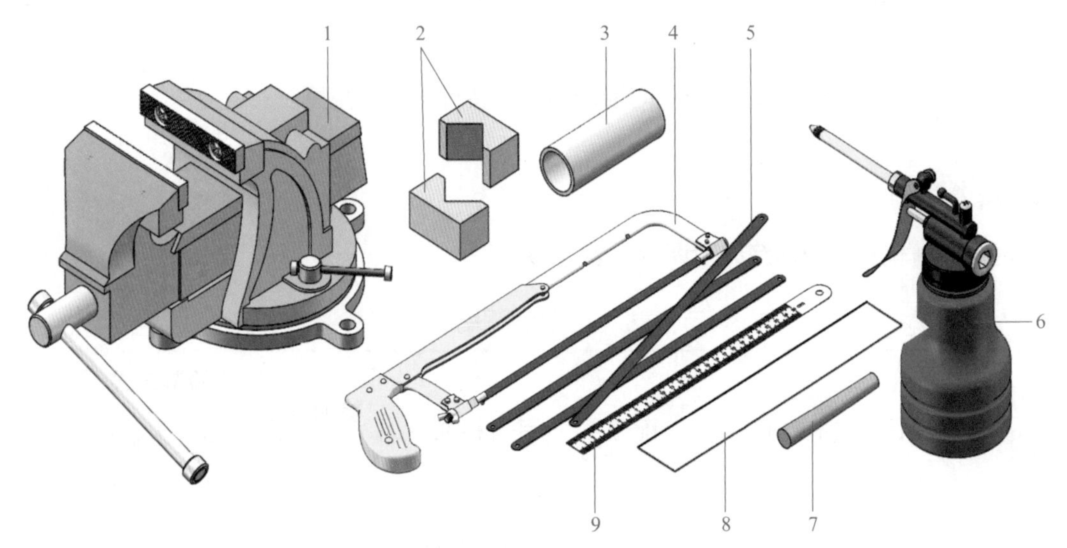

图 3-34 薄壁管锯削操作准备

1—台虎钳 2—有 V 形槽的木垫 3—薄壁钢管 4—手锯
5—细齿锯条 6—油壶 7—滑石（或粉笔） 8—矩形纸条 9—钢直尺

2. 操作步骤

（1）用矩形纸条（划线边必须直）按锯削尺寸包裹薄壁钢管的外圆，然后用滑石画出锯削加工线，如图 3-35 所示。

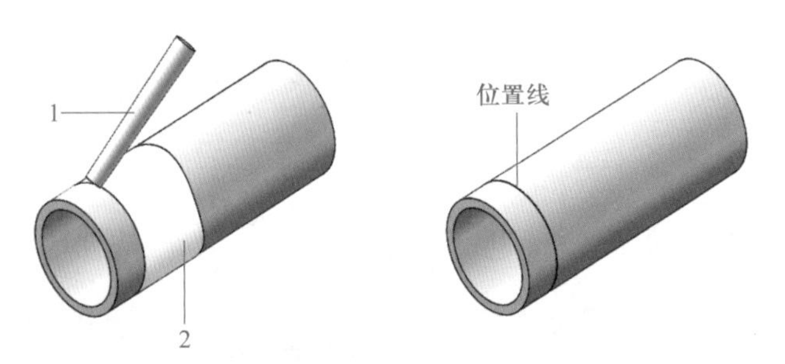

图 3-35 用矩形纸条包裹薄壁钢管画锯削加工线

1—滑石 2—矩形纸条

（2）用有 V 形槽的木垫夹持薄壁钢管并一起夹紧在台虎钳的左侧。

（3）按锯削加工线锯削，当在一个方向锯到管子内壁处时，把管子向推锯的方向转过一定角度，并连接原锯缝再锯到管子的内壁处，如此逐渐改变方向不断转锯，直到将管子锯断为止。

（4）去除毛刺和飞边，检查尺寸。

三、操作提示

1. 锯削薄板料时应尽可能从宽面上锯下去，以防锯齿被钩住。

2. 锯削薄壁钢管时不可在一个方向从开始连续锯削到结束；否则，锯齿易被管壁钩住而崩裂。

3. 锯到管子内壁处时，管子要向推锯的方向转过一定的角度。

评价反馈

薄板和薄壁管锯削训练成绩评定见表 3-5。

表 3-5　薄板和薄壁管锯削训练成绩评定

序号	项目与技术要求	配分	评分标准	检测方法或工具	检测结果		得分
					学生自测	教师检测	
1	工件夹持正确	15	不符合要求酌情扣分	目测			
2	工具和量具摆放位置正确，排列整齐	10	不符合要求酌情扣分	目测			
3	握锯正确、自然	10	不符合要求酌情扣分	目测			
4	锯削姿势正确	10	不符合要求酌情扣分	目测			
5	锯削断面纹路整齐	10	不符合要求酌情扣分	目测			
6	锯条使用正确	10	不符合要求酌情扣分	目测			
7	（50 ± 0.40）mm	15	每超差 0.5mm 扣 5 分	游标卡尺			
8	（30 ± 0.40）mm	15	每超差 0.5mm 扣 5 分	游标卡尺			
9	安全文明生产	5	不符合要求酌情扣分				
合计		100					

1. 为什么锯削薄板或薄壁管时锯齿易崩裂？用什么方法可以避免？

2. 锯削练习中锯齿崩裂、锯条折断和锯缝歪斜的原因是什么？

项目四
锉　　削

任务一　平面锉削姿势练习

学习目标

1. 能正确叙述平面锉削姿势和动作要领并进行锉削操作。
2. 能叙述锉刀的使用和保养知识。
3. 能叙述锉削操作注意事项。

任务描述

锉削是钳工的重要技能之一，它的工作范围很广，可以加工工件的内外平面、内外曲面、内外角、沟槽和各种形状复杂的表面。在现代生产条件下，仍有一些工件的加工需要用手工锉削来完成，例如，装配过程中对个别工件的修整、修理，小批量生产条件下一些形状复杂工件的加工，以及样板、模具的加工等。

本任务是通过在图 4-1 所示的铸铁件上进行锉削姿势训练，掌握用锉削工具进行锉削加工的方法，重点掌握正确的锉削姿势和动作要领，为后面的锉削练习做好准备。

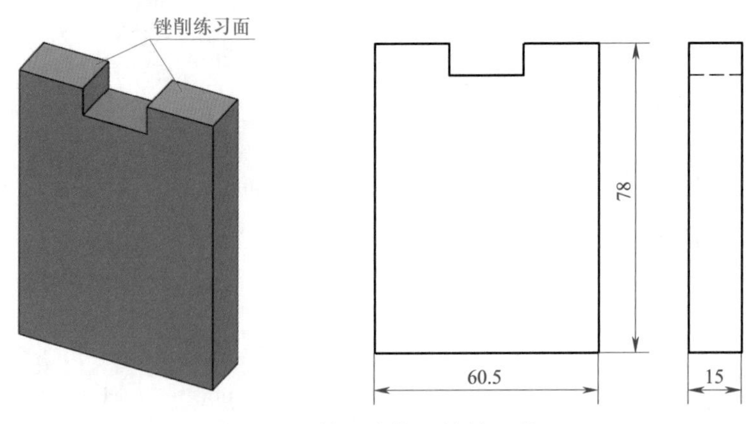

图 4-1　锉削姿势训练练习件

相关理论

用锉刀对工件表面进行切削加工，使其尺寸精度、几何精度和表面质量等都达到要求，这种加工方法称为锉削。

一、锉削工具

锉削的主要工具是锉刀。锉刀用高碳工具钢 T12、T12A、T13A 等制成，经热处理淬硬，硬度可达 62HRC 以上。由于锉削工作较广泛，目前使用的锉刀规格都已标准化。

1. 锉刀的组成

锉刀主要由锉刀面、锉刀边、锉刀尾、锉刀舌、锉柄等组成，如图 4-2 所示。

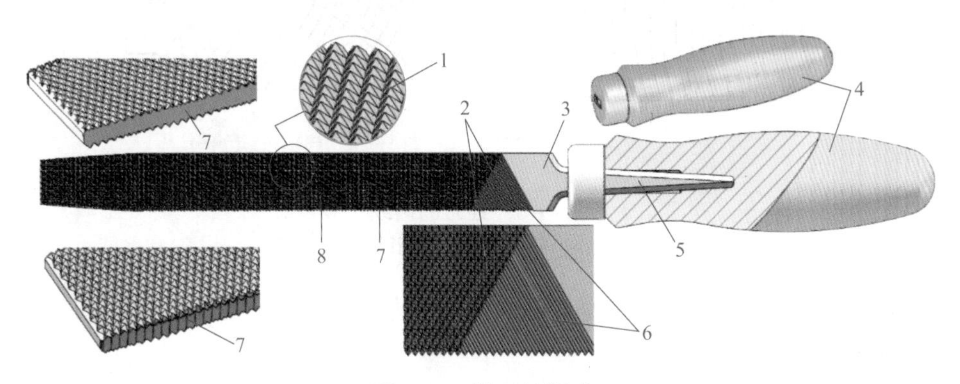

图 4-2　锉刀的组成

1—锉齿　2—辅锉纹　3—锉刀尾　4—锉柄　5—锉刀舌　6—主锉纹　7—锉刀边　8—锉刀面

（1）锉刀面

锉刀面指锉刀主要工作面，它的长度表示锉刀的规格（圆锉的规格参考直径的大小而定，方锉的规格参考方头尺寸而定）。锉刀面在纵向长度方向上呈凸弧形，前端较薄，中间较厚。

（2）锉刀边

锉刀边指锉刀上的窄边，有的边有齿，有的边没有齿，没有齿的边叫作安全边或光边。

（3）锉刀尾

锉刀尾指锉刀上没有齿的一端，它位于锉刀面与锉刀舌之间。

（4）锉刀舌

锉刀舌指锉刀尾部，它像一把锥子一样插入锉柄中。

（5）锉柄

锉柄装在锉刀舌上，便于操作者用力，它的一端装有铁箍，以防止锉柄劈裂。

2. 锉齿和锉纹

锉刀有很多个锉齿，锉削时每个锉齿都相当于一把錾子对材料进行切削。

锉纹是锉齿按一定规则排列的图案。锉刀的齿纹有单齿纹和双齿纹两种，如图 4-3 所示。单齿纹是指锉刀上只有一个方向的齿纹，锉削时全齿宽同时参加切削，切削力大，因此常用来锉削软材料，如图 4-3a 所示。双齿纹是指锉刀上有两个方向排列的齿纹，齿纹浅的叫作辅锉纹，齿纹深的叫作主锉纹，如图 4-3b 所示。辅锉纹与主锉纹的方向和角度不一样，锉削时能使每一个齿的锉痕交错而不重叠，使锉削后工件表面粗糙度值减小。

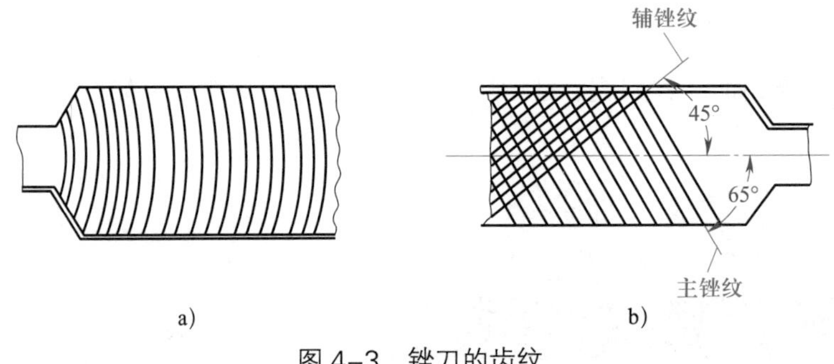

图 4-3　锉刀的齿纹
a）单齿纹　b）双齿纹

采用双齿纹锉刀锉削时，锉屑是碎断的，切削力小，再加上锉齿强度高，所以适用于硬材料的锉削。

3. 锉刀的种类、形状和用途

锉刀的种类、形状和用途见表 4-1。

表 4-1　锉刀的种类、形状和用途

名称	锉刀的种类和断面形状图	用途
钳工锉		钳工锉是钳工最常用的锉削工具，按其断面形状不同，分为扁锉、方锉、三角锉、半圆锉和圆锉五种，用于加工金属零件的各种表面，加工范围广泛
异形锉		异形锉用来锉削工件上的特殊表面，有弯形的和直形的两种

续表

名称	锉刀的种类和断面形状图	用途
整形锉		整形锉主要用于修整工件上的细小结构，主要用于对模具、仪表等零件进行整形加工。通常以多把不同断面形状的锉刀组成一组（常用的有 5 支、8 支、10 支为一组），按其断面形状不同，分为平锉、方锉、三角锉、圆锉、半圆锉、菱形锉、刀口锉、椭圆锉、单边三角锉等多种

4. 锉刀的规格和选用

锉刀的规格分为尺寸规格和齿纹粗细规格两种。

（1）尺寸规格

方锉的尺寸规格用方形尺寸表示，圆锉的尺寸规格用直径表示，其他锉刀的尺寸规格则以锉身长度表示。钳工常用锉刀的锉身长度有 100 mm、125 mm、150 mm、200 mm、250 mm、300 mm、350 mm、400 mm 等多种规格。

（2）齿纹粗细规格

齿纹粗细规格以锉刀每 10 mm 轴向长度内主锉纹的条数表示。主锉纹是指锉刀上起主要切削作用的齿纹，而另一个方向上起分屑作用的齿纹称为辅锉纹。锉刀齿纹规格和适用场合见表 4-2。

表 4-2 锉刀齿纹规格和适用场合

锉刀齿纹规格	适用场合		
	锉削余量 /mm	尺寸精度 /mm	表面粗糙度 /μm
1 号（粗齿锉刀）	0.5 ~ 1	0.2 ~ 0.5	100 ~ 25
2 号（中齿锉刀）	0.2 ~ 0.5	0.05 ~ 0.2	25 ~ 6.3
3 号（细齿锉刀）	0.1 ~ 0.3	0.02 ~ 0.05	12.5 ~ 3.2
4 号（双细齿锉刀）	0.1 ~ 0.2	0.01 ~ 0.02	6.3 ~ 1.6
5 号（油光锉刀）	0.1 以下	0.01 以下	1.6 ~ 0.8

5. 锉刀的选择原则

每种锉刀都有其适当的用途，如果选择不当，就不能充分发挥它的效能，甚至会过早地使其丧失切削能力。因此，正确、合理地选择锉刀，有助于延长锉刀的使用寿命，提高锉削质量和效率。锉刀的选择原则如下：

（1）锉刀断面形状和长度应根据被锉削工件的表面形状和大小选用。锉刀形状应适应工件加工表面形状。

（2）锉刀齿纹粗细规格取决于工件材料的性质、加工余量的大小、加工精度和表面质量要求的高低。例如，粗齿锉刀由于齿距较大而不易堵塞，一般用于锉削软材料及加工余量大、尺寸精度低和表面质量要求不高的工件；而细齿锉刀用于锉削钢、铸铁以及加工余量小、尺寸精度和表面质量要求高的工件；油光锉刀用于最后修光工件表面。

二、锉刀的使用及保养

为了延长锉刀的使用寿命，必须遵守下列规则：

1. 使用新锉刀时应先用一面，用钝后再用另一面，使用时注意锉刀面上的记号。
2. 严禁用锉刀锉削经过淬硬的材料、工具，如禁止用锉刀锉削錾子的切削部分。
3. 对于工件表面有氧化皮的，在锉削前应用砂轮机磨去氧化皮。
4. 锉刀在使用后，应用钢丝刷顺着锉纹清除切屑，禁止用水和油清洗及保养锉刀。
5. 对于锉刀上用钢丝刷清除不掉的切屑可用刀片清理。

任务实施

本任务可以先在课堂上讲解相关理论知识，然后现场示范锉削姿势和动作要领，并让学生实际操作，待学生有一定的感性认识后观看相关的影像资料，最后学生继续进行实际操作。

一、平面锉削的姿势和锉削方法

1. 锉刀的握法

（1）较大锉刀的握法

较大锉刀一般指锉刀长度大于 250 mm 的锉刀。较大锉刀的握法如图 4-4a 所示。右手握着锉柄，将锉柄外端顶在拇指根部的手掌上，拇指放在锉柄上，其余手指由下而上握住锉柄，如图 4-4b 所示。左手在锉刀上的握法有三种：一是左手掌斜放在锉刀刀头上，拇指根部肌肉轻压在锉刀刀头上，中指和无名指抵住锉刀刀头右下方，如图 4-4c

所示；二是左手掌斜放在锉刀刀头上，拇指自然伸出，其余各指自然蜷曲，小指、无名指、中指抵住锉刀前端，如图 4-4d 所示；三是左手掌斜放在锉刀刀头上，各指自然平放，如图 4-4e 所示。

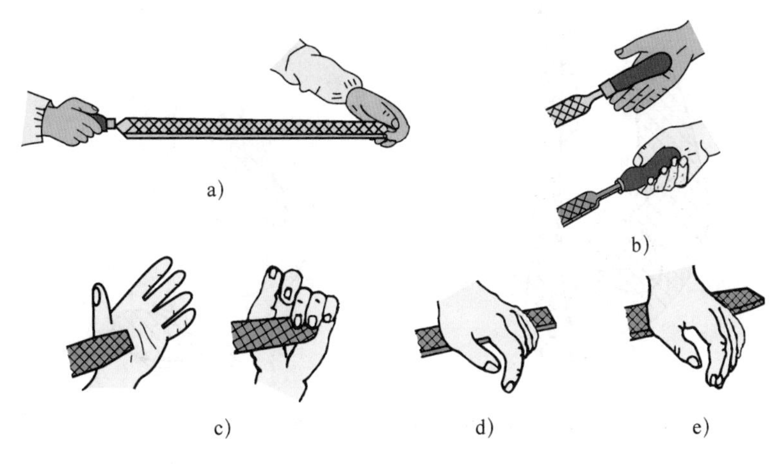

图 4-4 较大锉刀的握法

（2）中型锉刀的握法

使用中型锉刀时，右手的握法与较大锉刀的握法相同，左手的拇指和食指轻轻扶住锉刀，如图 4-5 所示。

（3）小型锉刀的握法

使用小型锉刀时，右手的食指平直扶在锉柄外侧面，左手的四指压在锉刀的中部，以防止锉刀弯曲，如图 4-6 所示。

（4）整形锉的握法

使用整形锉时，单手握持锉柄，食指放在锉刀面上方，如图 4-7 所示。

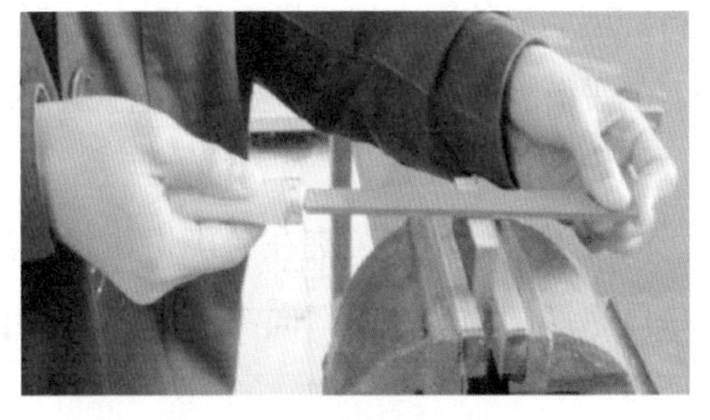

图 4-5 中型锉刀的握法

图 4-6 小型锉刀的握法

图 4-7 整形锉的握法

2. 锉削的站立位置和姿势

锉削时的站立位置和姿势如图 4-8 所示，操作时摆动要自然。

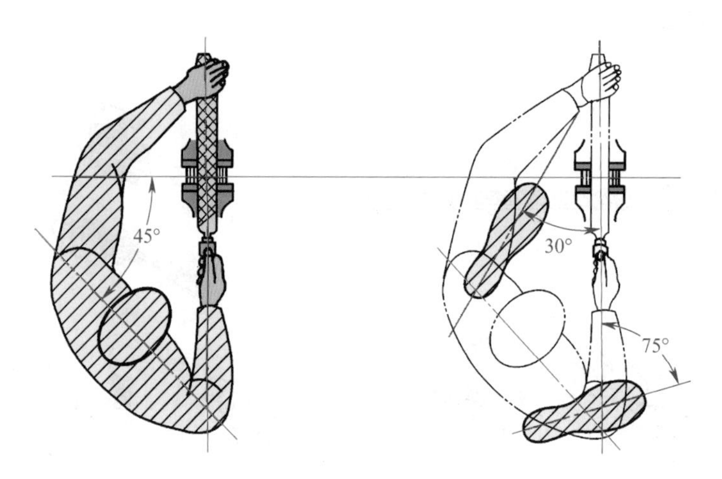

图 4-8　锉削时的站立位置和姿势

二、完成平面锉削操作姿势练习

1. 操作准备

准备好练习用毛坯、300 mm 粗扁锉、毛刷、钢丝刷等。

本任务是在项目三任务一转入材料上利用双凸台进行锉削姿势练习（双凸台仅用于进行锉削姿势练习，与项目六任务二的定位键加工无关），便于学生在锉削过程中掌握好锉刀的平衡，使学生能在体验成功与快乐的过程中逐渐掌握正确的锉削姿势。

2. 工件的装夹

（1）工件尽量装夹在台虎钳钳口宽度方向中间，锉削面高出钳口面约 15 mm，如图 4-9 所示。

（2）工件装夹要稳固，用力适当，以防止工件变形。

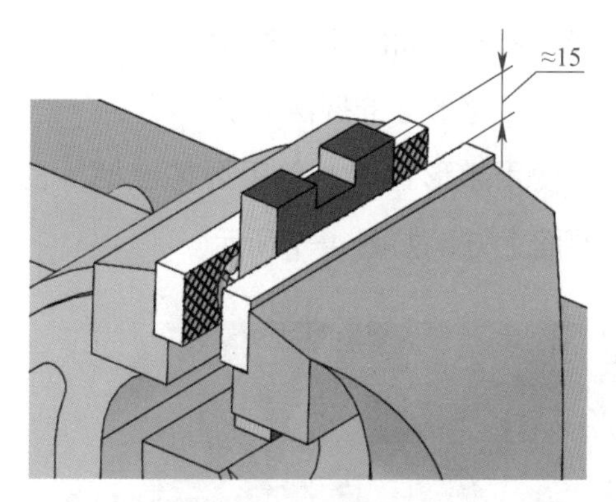

图 4-9　工件装夹位置

3. 顺向锉操作姿势练习

锉刀运动方向与工件夹持方向始终一致。在锉削宽平面时，每次退回锉刀后都在横向做适当的移动。顺向锉法的锉纹整齐一致，比较美观，这是最基本的一种锉削方法，锉削不大的平面和最后锉光时通常都用这种方法。顺向锉法如图 4-10 所示，锉削动作如图 4-11 所示。两只手握住锉刀放在工件上，左臂弯曲，小臂与工件锉削面的左右方向基本平行；右小臂要与工件锉削面的前后方向基本平行，但要自然。锉削时，身体先于锉刀并与之一起向前，右腿伸直并稍向前倾，重心在左脚，左膝呈弯曲状态。当锉刀锉至约3/4行程时，身体停止前进，两臂则继续将锉刀向前推到头；同时，左膝自然伸直，随着锉削时的反作用力将身体重心后移，使身体恢复原位，并顺势将锉刀收回。当锉刀收回将近结束时，身体又开始先于锉刀前倾，做第二次锉削的向前运动。

图 4–10 顺向锉法

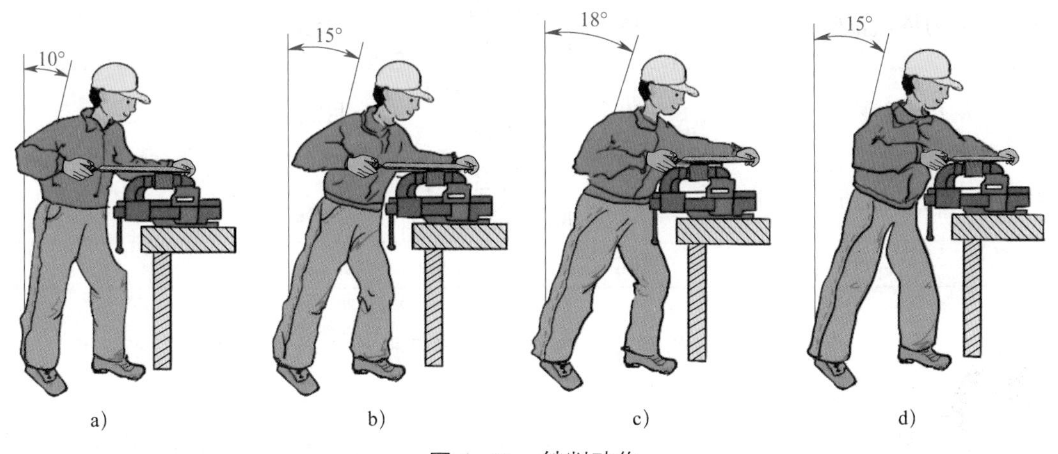

图 4–11 锉削动作

4. 锉削时两只手的用力和锉削速度

（1）要锉出平直的平面，必须使锉刀保持直线的锉削运动。为此，锉削时右手的压力要随着锉刀推动而逐渐增大，左手的压力要随着锉刀推动而逐渐减小。回程时不要施加压力，以减少锉齿的磨损。

（2）锉削速度一般为 40 次 / min。速度太快，操作者容易疲劳，且锉齿易磨钝；速度太慢，则切削效率低。推出时稍慢，回程时稍快，动作要自然协调。

三、操作注意事项

1. 禁止使用无锉柄或锉柄松动的锉刀，以防止锉刀舌刺伤操作者。

2. 锉刀表面积屑堵塞齿纹时，禁止用力敲打锉刀，应用钢丝刷去除积屑。

3. 锉削过程中，禁止用嘴吹工件上的切屑，以防止切屑飞入眼中。

4. 锉削过程中，禁止用手触摸锉刀面，以防止锉刀打滑。

5. 锉刀禁止放在工作台以外或台虎钳上，以免滑落后损坏或砸伤操作者。

评价反馈

平面锉削姿势训练成绩评定见表 4-3。

表 4-3　平面锉削姿势训练成绩评定

序号	项目与技术要求	配分	评分标准	检测方法或工具	检测结果		得分
					学生自测	教师检测	
1	站立姿势正确	35	每出现一次错误扣 5 分	目测			
2	锉刀握法正确	35	每出现一次错误扣 5 分	目测			
3	动作自然协调	20	不符合要求酌情扣分	目测			
4	安全文明生产	10	不符合要求每次扣 2 分				
合计		100					

1. 锉刀的种类有哪些？如何根据加工对象的不同正确选择锉刀？

2. 锉刀齿纹粗细规格如何表示？锉刀的尺寸规格如何表示？

3. 如何正确选用锉刀？

4. 简述顺向锉削技术要领。

任务二　狭长面的锉削

学习目标

1. 能掌握正确的平面锉削姿势和动作要领。
2. 能叙述顺向锉、交叉锉和推锉的应用场合。
3. 能用扁锉锉削狭长平面并使其达到一定的精度。
4. 能用合适的量具检查平面度误差。

任务描述

平面锉削姿势的训练（项目四任务一）是在双凸台上进行的，避免了刚开始锉削时由于两只手用力不平衡产生中凸现象。为了进一步巩固正确的平面锉削姿势，保证锉削过程中两只手用力平衡，逐步掌握平面锉削技能和技巧，现进行任务二的练习——狭长面的锉削。

本任务要锉削一狭长面，学生根据图 4-12 所示的技能训练图要求，选择项目三任务一完成的锯削面作为待加工表面。经过本任务的训练，要求狭长面锉削后平面度公差为 0.15 mm，尺寸为 $60^{+0.2}_{0}$ mm，完成项目六任务二——定位键加工第二步［(60±0.05) mm 方向外形］的粗加工。

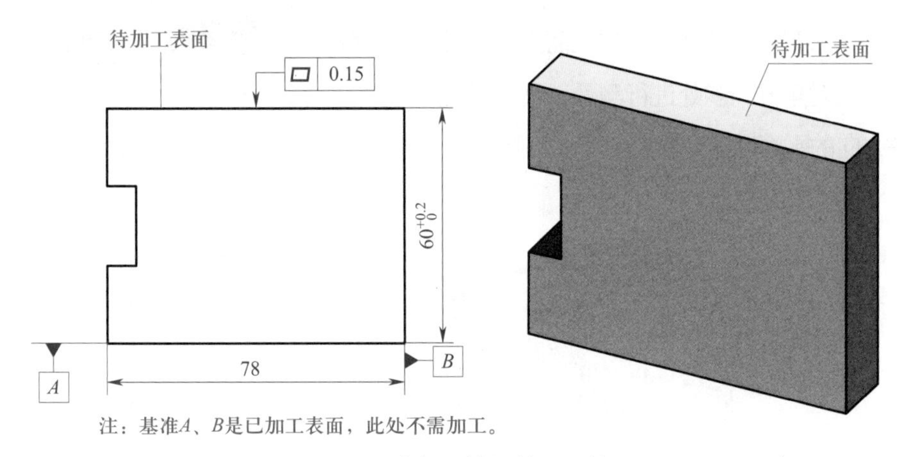

图 4-12　狭长面锉削技能训练图

相关理论

一、平面的锉削方法

平面的锉削方法除了前面介绍的顺向锉外，还有交叉锉和推锉两种方法。

1. 交叉锉

进行交叉锉时锉刀运动方向与工件夹持方向成 30° ~ 40° 角，且锉纹交叉。由于锉刀与工件的接触面大，锉刀锉削平稳，同时从刀痕上可以判断出锉削面的情况，容易将工件表面锉平，故一般适用于粗锉，如图 4-13 所示。

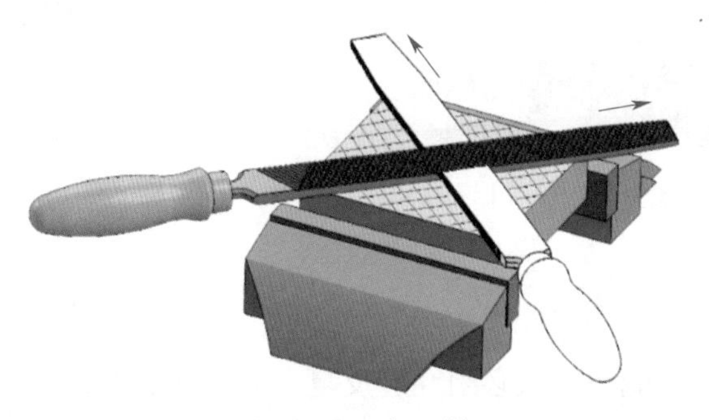

图 4-13　交叉锉

2. 推锉

进行推锉时，用两只手对称横握锉刀，用拇指推动锉刀顺着工件长度方向进行锉削，此法一般用来锉削狭长平面，如图 4-14 所示。

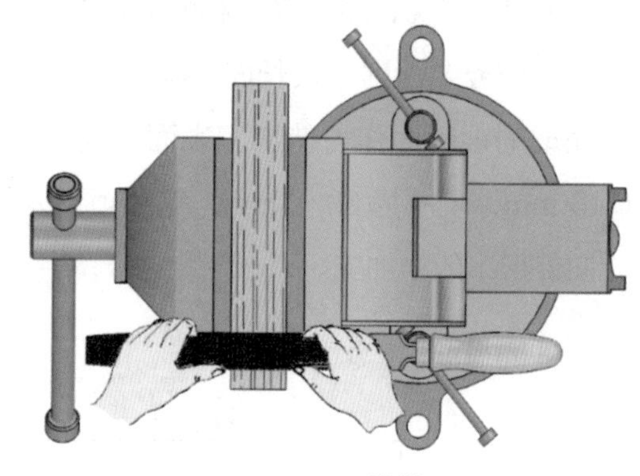

图 4-14　推锉

二、检查平面度误差的方法

1. 用刀口形直尺检查平面度误差

将刀口形直尺垂直放在工件加工面上，在其纵向、横向、对角方向多处进行测量，利用透光法确定各方向的平面度误差，如图 4-15 所示。

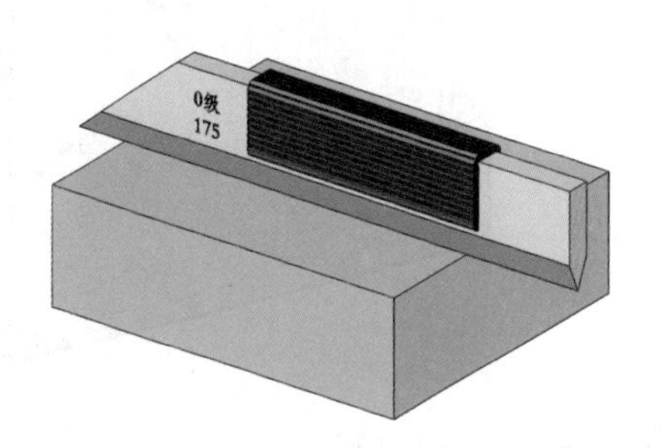

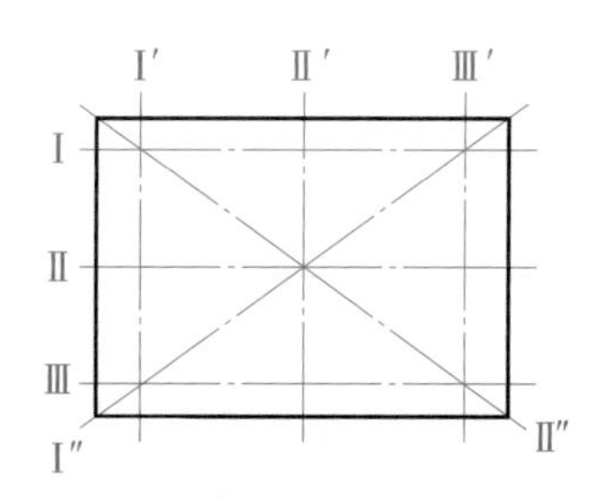

图 4-15　用刀口形直尺检查平面度误差

2. 用塞尺检查平面度误差

塞尺是用来检查两个接合面之间间隙大小的片状量规，如图 4-16 所示。检查工件锉削面的平面度误差时，可将锉削面放在平板上用塞尺进行检查，如图 4-17 所示。

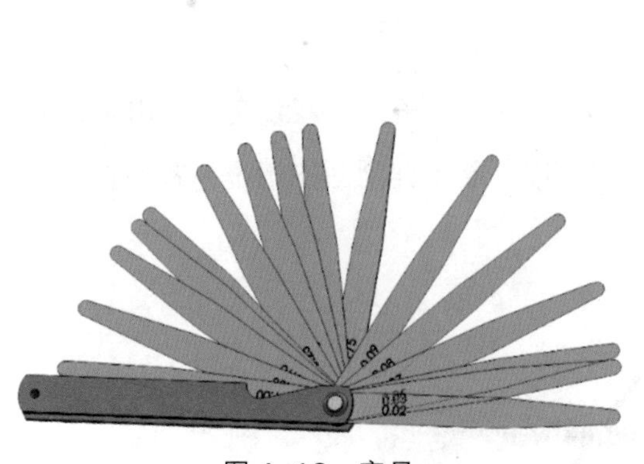

图 4-16　塞尺

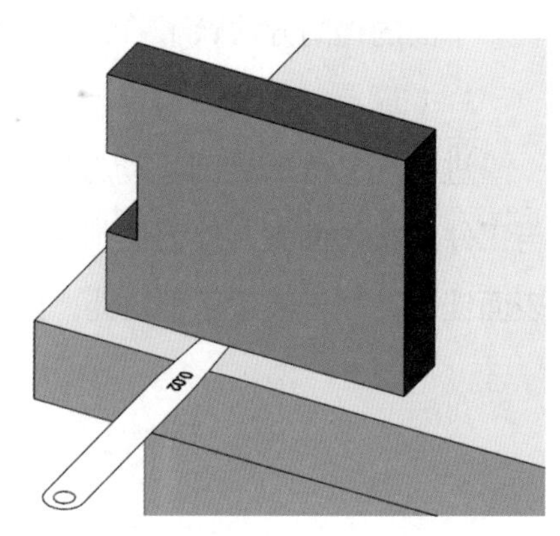

图 4-17　用塞尺检查平面度误差

三、锉削平面的练习要领

用锉刀锉削平面的技能和技巧必须经过反复、多样性的刻苦练习才能很好地掌握，而掌握要领后进行练习，可加快技能和技巧的掌握。

1. 掌握正确的锉削姿势和动作。

2. 保证锉削力适中，锉削时保持锉刀平衡且沿直线运动。因此，在操作时注意力要集中，练习过程要用心研究。

3. 练习前了解几种锉削面不平的形式及其产生原因（见表 4-4），以便于练习中不断分析及改进。

表 4-4　平面不平的形式及其产生原因

形式	产生原因
平面中凸	1. 锉削时双手的压力不能使锉刀保持平衡 2. 锉刀在开始推出时，右手压力太大；锉刀推到前面时，左手压力太大，导致工件前面和后面锉削量加大 3. 锉削姿势不正确 4. 锉刀本身中凹
对角扭曲或塌角	1. 左手或右手施加压力时重心偏在锉刀的一侧 2. 工件夹持不正确 3. 锉刀本身扭曲
平面横向中凸或中凹	1. 锉刀在锉削时左右移动不均匀 2. 锉刀本身横向中凹或中凸

任务实施

一、操作准备

1. 工具和量具：300 mm 粗扁锉、250 mm 中扁锉、200 mm 细扁锉、刀口形直角尺、塞尺、游标卡尺，如图 4-18 所示。

2. 辅助工具：钢丝刷、毛刷，如图 4-18 所示。

3. 材料：由项目三任务一转来。

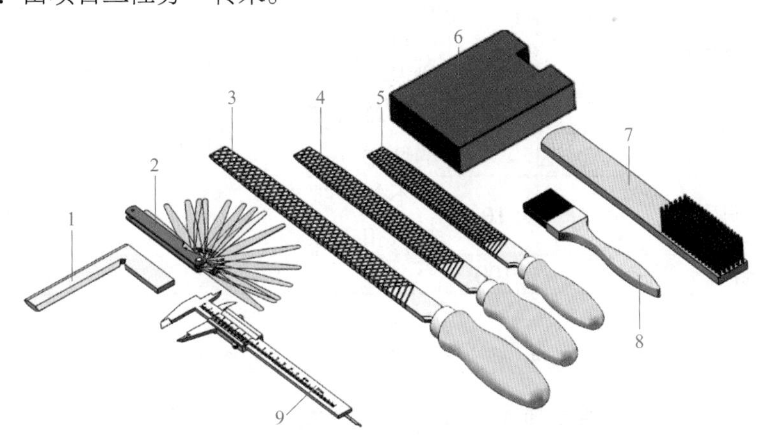

图 4-18　狭长面锉削技能操作准备

1—刀口形直角尺　2—塞尺　3—300 mm 粗扁锉

4—250 mm 中扁锉　5—200 mm 细扁锉　6—工件　7—钢丝刷　8—毛刷　9—游标卡尺

二、操作步骤

1. 继续任务一——锉削姿势练习，熟练掌握正确的平面锉削姿势和动作要领。

2. 选择项目三任务一完成的锯削面作为待加工表面，在狭长面上练习顺向锉及推锉，提高锉削技能。

3. 用刀口形直角尺或塞尺检查狭长面的平面度误差，保证其平面度误差≤ 0.15 mm。

4. 为了保证该材料在项目六任务二——定位键加工中有一定的精加工余量，锉削过程中还要用游标卡尺测量加工面与基准面 A 之间的尺寸，保证该尺寸为 $60^{+0.2}_{0}$ mm。

三、操作提示

1. 练习时，锉削姿势要正确，用心体会手部用力是否平衡。

2. 每个表面的锉纹最终必须一致。

3. 用刀口形直角尺检查时，不能将其在工件已加工表面上拖动。

4. 用塞尺测量时，不能用力太大，以防止塞尺弯曲或折断。

评价反馈

狭长面锉削训练成绩评定见表 4-5。

表 4-5　狭长面锉削训练成绩评定

序号	项目与技术要求	配分	评分标准	检测方法或工具	检测结果		得分
					学生自测	教师检测	
1	$60^{+0.2}_{0}$ mm	25	超差不得分	游标卡尺			
2	⏥ 0.15	25	不正确酌情扣分	刀口形直角尺			
3	锉削姿势正确	20	每出现一次错误扣 5 分	目测			
4	锉纹一致	20	不符合要求酌情扣分	目测			
5	安全文明生产	10	不符合要求每次扣 2 分				
合计		100					

1. 平面锉削的方法有哪几种？各适用于什么场合？

2. 锉削面不平的形式和产生原因有哪些？

3. 锉削工件表面平面度误差的检查方法有哪些？

任务二 长方体的锉削

学习目标

1. 能描述用细齿锉刀提高工件表面质量的方法。
2. 能熟练使用游标卡尺进行测量。
3. 掌握长方体锉削操作步骤。

任务描述

学生根据图 4-19 所示的技能训练图要求，在项目三任务二转入的材料上完成长方体的锉削任务。通过锉削该长方体，掌握正确的平面锉削姿势及在钢件上进行平面锉削的技能，并初步掌握长方体的加工步骤，进一步提高学生的锉削技能和技巧。

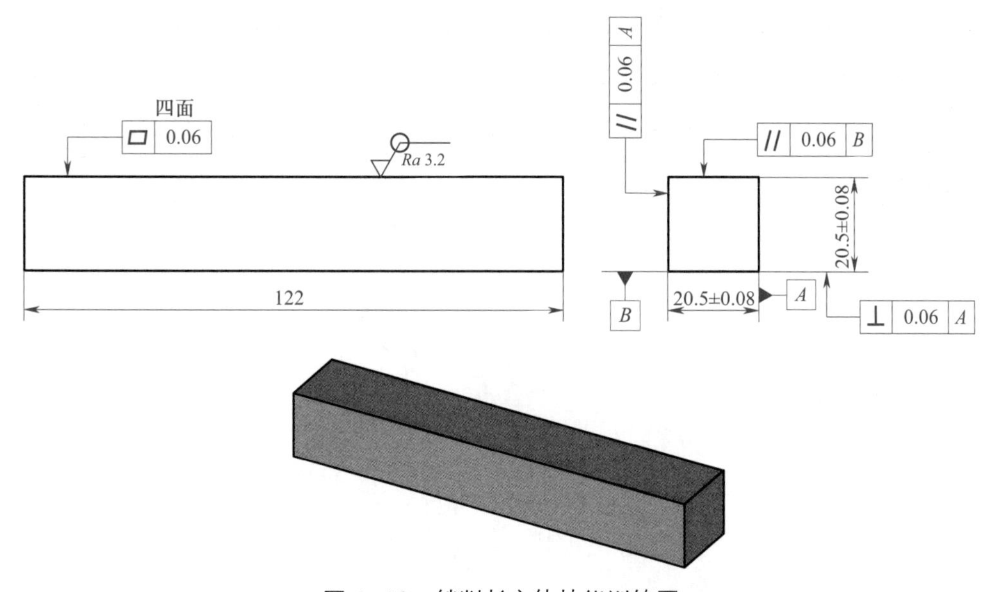

图 4-19 锉削长方体技能训练图

相关理论

一、250 mm 细扁锉的使用方法

细扁锉用于对平面进行精加工，可使加工表面形成较小的表面粗糙度值。

1. 采用细扁锉加工时，用力不需要太大，细扁锉平衡握法如图 4-20 所示。

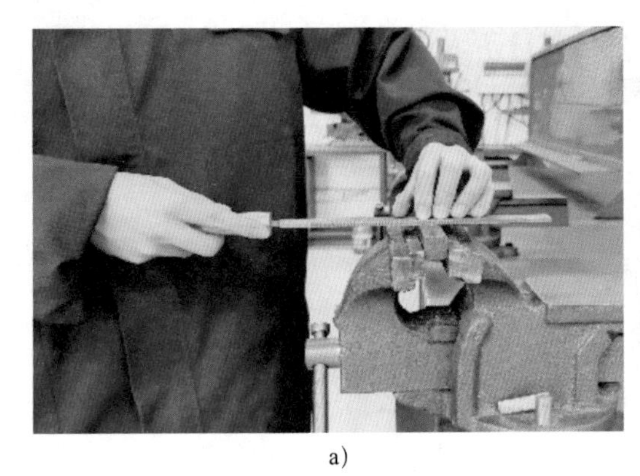

a)

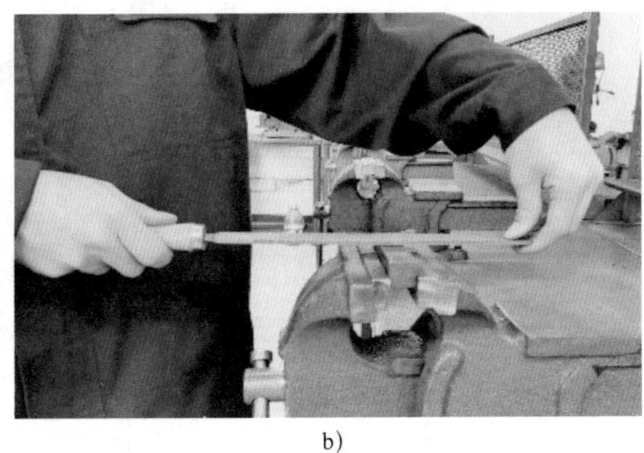

b)

图 4-20　细扁锉平衡握法

2. 细扁锉一般能加工出表面粗糙度 $Ra \leqslant 3.2$ μm 的表面。在细扁锉刀齿面上涂粉笔后再锉削工件，可使表面粗糙度 $Ra \leqslant 1.6$ μm。

二、用刀口形直角尺检查垂直度误差的方法

如图 4-21 所示，使刀口形直角尺尺座的测量面紧贴长方体的基准面，然后从前逐步轻轻向后移动，使刀口形直角尺的刀口测量面与长方体被测表面接触，用眼睛平视观察透光情况，判断长方体被测表面与基准面是否垂直，图 4-21b 所示是垂直的，图 4-21c、d 所示均为不垂直。

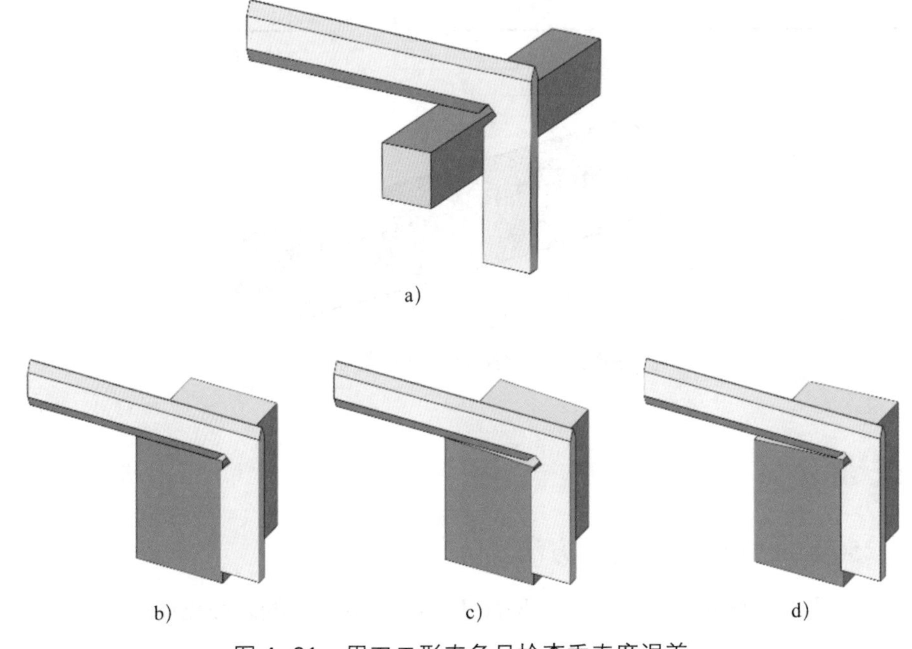

a)

b)　　c)　　d)

图 4-21　用刀口形直角尺检查垂直度误差

三、千分尺的使用

千分尺是一种精密量具，它的测量精度比游标卡尺高，而且比较灵敏。因此，对于加工精度要求较高的工件，要用千分尺测量尺寸。

1. 外径千分尺（简称千分尺）

（1）外径千分尺的结构

外径千分尺的结构如图 4-22 所示。

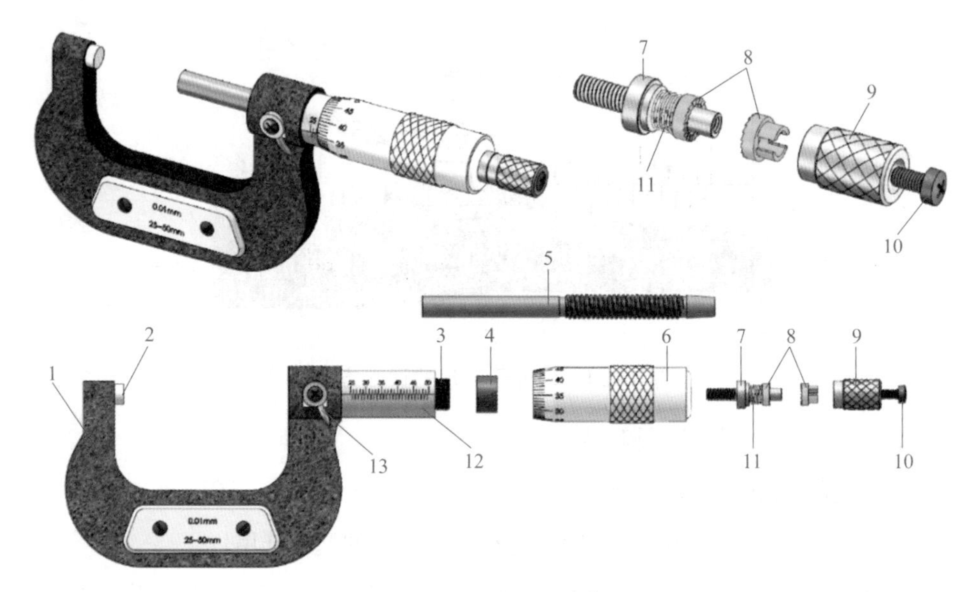

图 4-22 外径千分尺的结构

1—尺架 2—砧座 3—轴套 4—衬套

5—测微螺杆 6—微分筒 7—连接螺杆 8—棘轮

9—罩壳 10—螺钉 11—弹簧 12—固定套管 13—锁紧手柄

（2）外径千分尺的刻线原理和读数方法

在外径千分尺的固定套管上刻有轴向中线，作为微分筒读数的基准线。在中线的两侧刻有两排刻线，每排刻线间距为 1 mm，上下两排刻线相互错开 0.5 mm，如图 4-23 所示。测微螺杆右端螺纹的螺距为 0.5 mm，微分筒转一周，测微螺杆移动 0.5 mm。微分筒圆锥面上共刻有 50 格，因此，微分筒每转一格，测微螺杆就移动 0.5 mm ÷ 50=0.01 mm。如图 4-23 所示为外径千分尺的刻线原理。

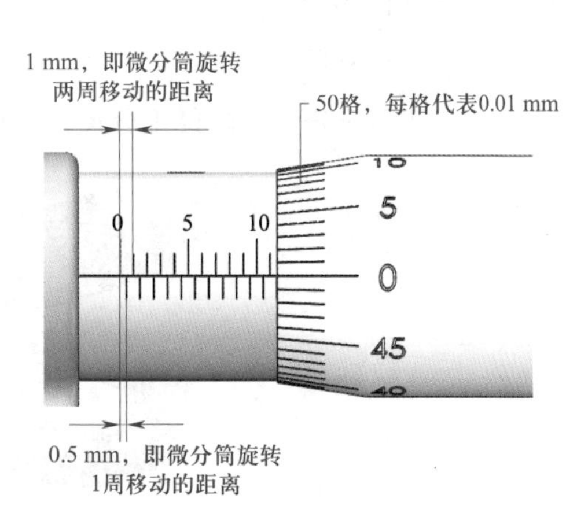

图 4-23 外径千分尺的刻线原理

外径千分尺的读数方法分为以下三步，如图 4-24 所示：

1）在固定套管上读出与微分筒的左端面相邻近的毫米数和半毫米数，图 4-24 所示为 15 mm+0.5 mm=15.5 mm。

2）看微分筒上哪条刻线与固定套管的基准线对齐，并读出不足半毫米的数；若基准线对在微分筒的两刻线之间，则需要估计出读数，图 4-24 所示为 21.5，21.5×0.01 mm=0.215 mm。

3）把两个读数相加就是测得的实际尺寸，图 4-24 所示为 15.715 mm。

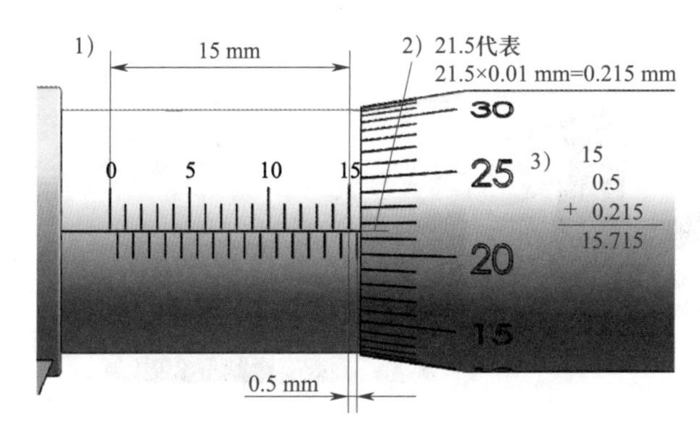

图 4-24　外径千分尺的读数方法

（3）外径千分尺的测量范围和精度

外径千分尺的规格按测量范围不同分为 0 ~ 25 mm、25 ~ 50 mm、50 ~ 75 mm、75 ~ 100 mm、100 ~ 125 mm 等，使用时按被测工件的尺寸选用。

外径千分尺的制造精度分为 0 级和 1 级两种，0 级精度最高，1 级稍差。外径千分尺的制造精度主要由它的示值误差和两测量面平行度误差的大小来决定。

2. 内测千分尺

内测千分尺如图 4-25 所示，主要用来测量内径和槽宽等尺寸。内测千分尺的刻线方向与外径千分尺相反。测量范围有 5 ~ 30 mm 和 25 ~ 50 mm 两种，其读数方法和测量精度与外径千分尺相同。

3. 其他千分尺

除了外径千分尺和内径千分尺外，还有深度千分尺、公法线千分尺（用于测量齿轮

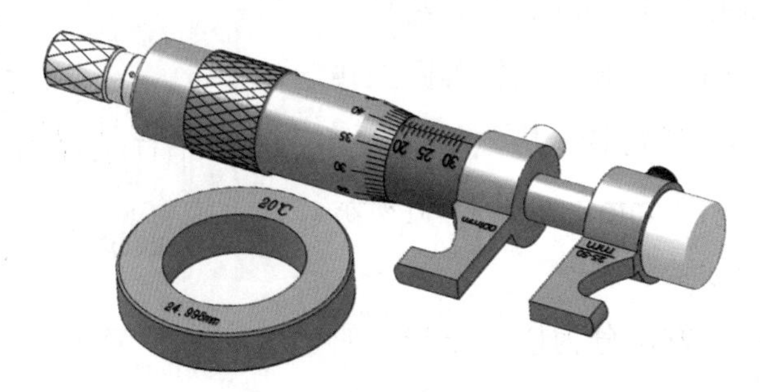

图 4-25　内测千分尺

公法线长度）和螺纹千分尺（用于测量螺纹中径）等，如图 4-26 所示，其刻线原理和读数方法与外径千分尺相同。

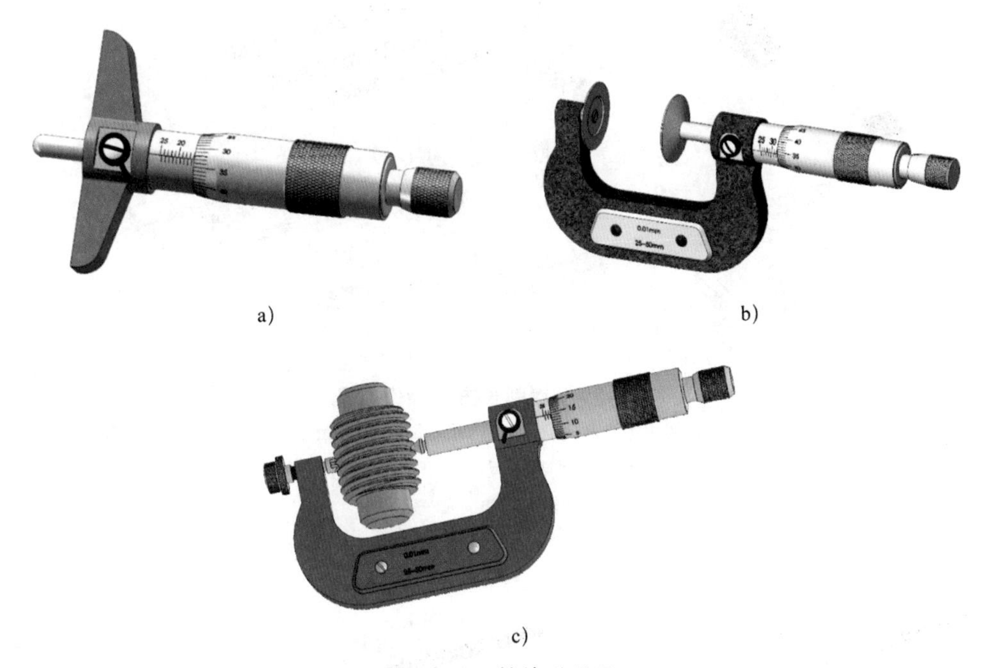

a)　　b)　　c)

图 4-26　其他千分尺
a）深度千分尺　b）公法线千分尺　c）螺纹千分尺

任务实施

一、操作准备

1. 工具和量具：划线平板、游标卡尺、游标高度卡尺、刀口形直角尺、塞尺、300 mm 粗扁锉、250 mm 细扁锉、200 mm 细扁锉等，如图 4-27 所示。

2. 辅助工具：软钳口衬垫、钢丝刷、毛刷等。

3. 材料：由项目三任务二转来，每人一件。

二、操作步骤

1. 粗、精锉基准面 *A*

粗锉用 300 mm 粗扁锉，精锉用 250 mm、200 mm 细扁锉。达到平面度误差 ≤ 0.06 mm、表面粗糙度 Ra ≤ 3.2 μm 的要求，如图 4-28 所示。

2. 粗、精锉基准面 *A* 的对面

先用游标高度卡尺划出相距 20.5 mm 的平面加工线，然后粗锉，留 0.15 mm 左右的精锉余量，再精锉达到图样要求，如图 4-29 所示。

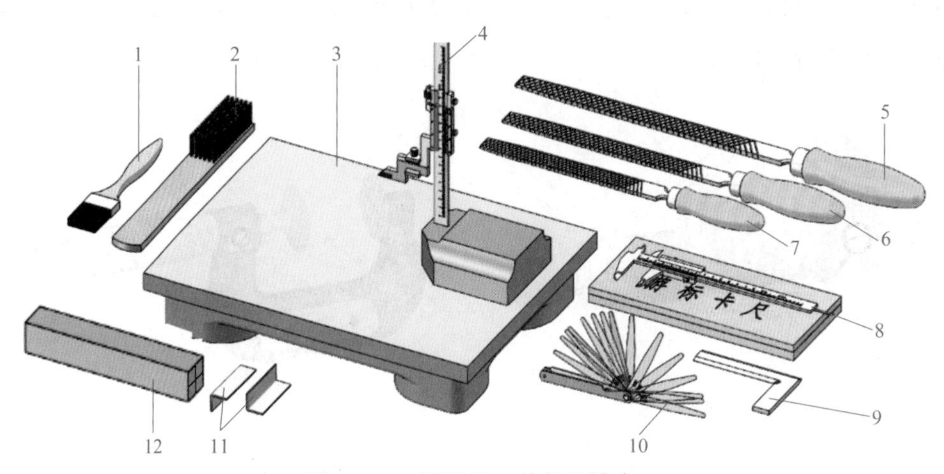

图 4-27　锉削长方体操作准备

1—毛刷　2—钢丝刷　3—划线平板　4—游标高度卡尺　5—300 mm 粗扁锉　6—250 mm 细扁锉　7—200 mm 细扁锉　8—游标卡尺　9—刀口形直角尺　10—塞尺　11—软钳口衬垫　12—工件

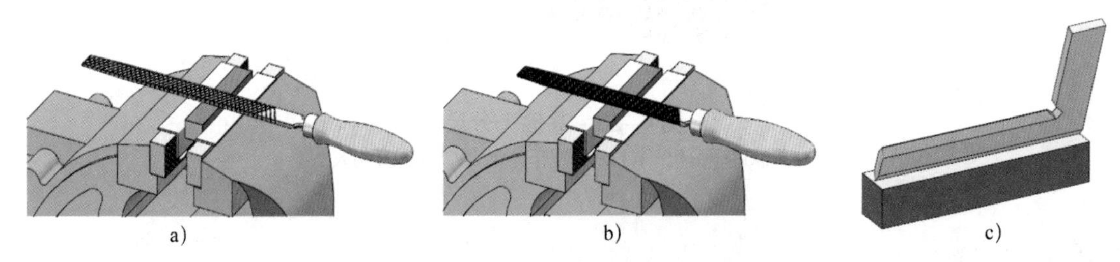

图 4-28　粗、精锉基准面 *A* 并检验

a）粗锉　b）精锉　c）检验

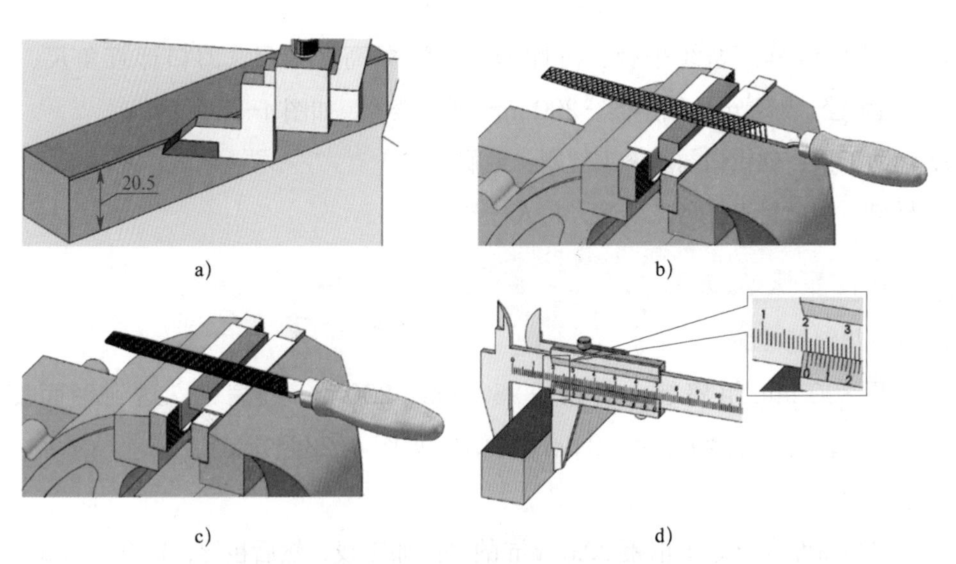

图 4-29　粗、精锉基准面 *A* 的对面并检验

a）划线　b）粗锉　c）精锉　d）检验

3. 粗、精锉基准面 B

粗、精锉基准面 B，并用刀口形直角尺检查该加工面的平面度是否满足误差不大于 0.06 mm 的要求，以及该加工面与基准面 A 的垂直度是否满足误差不大于 0.06 mm 的要求，如图 4-30 所示。

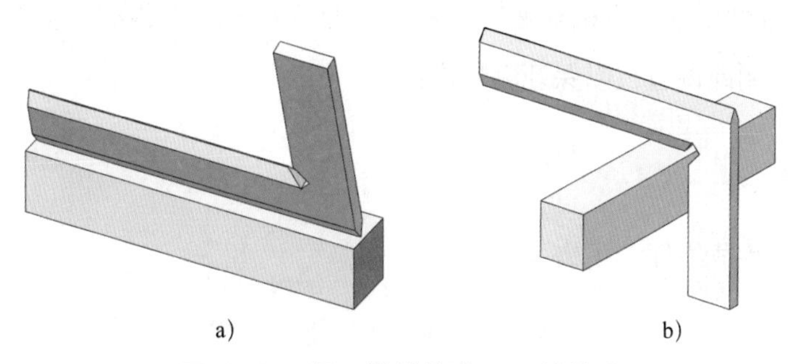

图 4-30　粗、精锉基准面 B 并检验

a）检查平面度误差　b）检查垂直度误差

4. 粗、精锉基准面 B 的对面

先用游标高度卡尺划出 20.5 mm 的平面加工线，然后粗锉，留 0.15 mm 左右的精锉余量，再精锉达到图样要求，如图 4-31 所示。

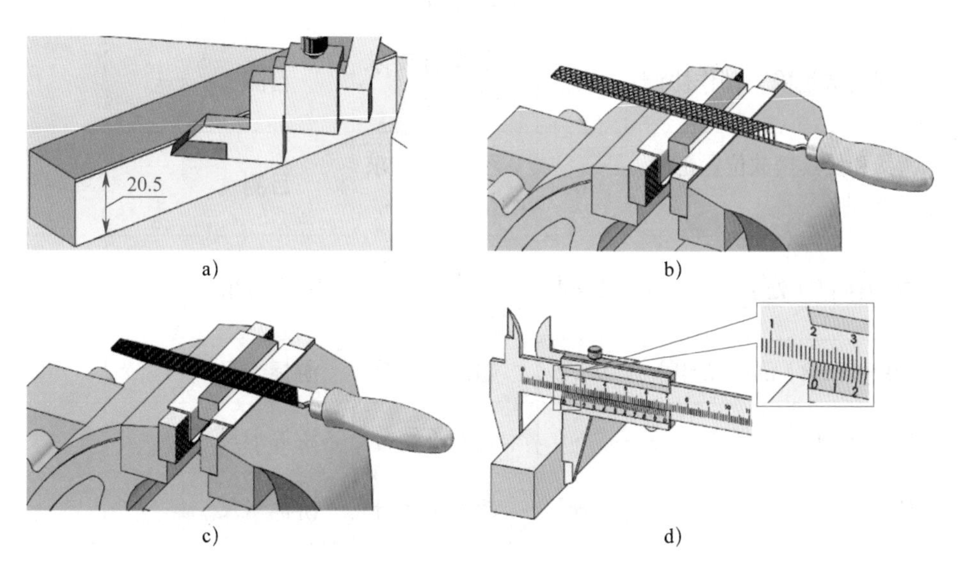

图 4-31　粗、精锉基准面 B 的对面并检验

a）划线　b）粗锉　c）精锉　d）检验

5. 复检

全部复检，并做必要的修锉，最后倒钝锐边。

三、操作提示

1. 夹紧已加工工件时，要在台虎钳上垫好软钳口衬垫，以避免将工件表面夹伤。

2. 在锉削时要掌握好加工余量，仔细检查尺寸，避免尺寸超差；要采用顺向锉法，并利用锉刀的有效全长进行加工。

3. 基准面作为加工其余各面时控制尺寸精度和几何精度的测量基准，必须达到规定的平面度要求后，才能加工其他各面。

4. 为保证垂直度要求，各相对面间（20.5 ± 0.08）mm 尺寸必须尽可能获得较高的精度；在测量前必须倒钝锐边，以保证测量准确。

评价反馈

长方体锉削训练成绩评定见表 4-6。

表 4-6　长方体锉削训练成绩评定

序号	项目与技术要求	配分	评分标准	检测方法或工具	检测结果		得分
					学生自测	教师检测	
1	正确选用锉刀	8	不符合要求酌情扣分	目测			
2	锉削姿势正确，动作协调	8	不符合要求酌情扣分	目测			
3	工具和量具摆放位置正确，排列整齐	6	不符合要求酌情扣分	目测			
4	▱ 0.06（4 处）	5 × 4	不正确酌情扣分	刀口形直角尺			
5	（20.5 ± 0.08）mm（2 组）	9 × 2	超差不得分	游标卡尺			
6	// 0.06 A	6	超差不得分	游标卡尺			
7	// 0.06 B	6	超差不得分	游标卡尺			
8	⊥ 0.06 A	6	超差不得分	直角尺			
9	$Ra \leqslant 3.2\ \mu m$（4 处）	3 × 4	不正确酌情扣分	表面粗糙度比较样块			
10	安全文明生产	10	不符合要求每次扣 2 分				
合计		100					

1. 试述用刀口形直角尺检查工件垂直度误差的方法。
2. 锉削时为什么要将粗、精加工分开？如何实现？
3. 试述长方体锉削操作步骤。

项目五
孔加工及螺纹加工

任务一　钻　　孔

学习目标

1. 能描述麻花钻的基本结构。
2. 能描述台式钻床的基本结构，并能叙述钻削用量的选择及钻床转速的调整方法。
3. 能按图样要求正确划出钻孔位置线，并能选择合适的装夹方法进行钻孔。
4. 分别完成铸铁件和钢件上的钻孔任务，且达到相应的精度要求。

任务描述

任务 1：在项目四任务三转入的钢件上分别钻 ϕ8 mm 和 ϕ7.8 mm 的两个孔（见图 5-1）。其中 ϕ7.8 mm 的孔是为项目五任务二中钢件上 $\phi 8^{+0.022}_{0}$ mm 孔的铰孔做准备（此孔也是项目六任务一——锤子加工螺孔的底孔）；ϕ8 mm 的孔是为任务二中锪台阶孔和孔口倒角做准备（此孔仅作练习用）。学生根据图 5-1 所示技能训练图的要求，完成钻孔加工并达到相应的技术要求。

任务 2：在项目四任务二转入的铸铁件上分别钻两个 ϕ4 mm 和 ϕ7.8 mm 的孔（见图 5-2），目的是让学生掌握在同一种材料上加工不同直径孔时钻削用量的选择方法。其中两个 ϕ7.8 mm 的孔是为项目五任务二中两个 $\phi 8^{+0.022}_{0}$ mm 孔的铰孔做准备（此孔仅作练习用）；两个 ϕ4 mm 孔是项目六任务二——定位键加工中的工艺孔。学生根据图 5-2 所示技能训练图的要求，完成钻孔加工并达到相应的技术要求。

通过在图 5-1、图 5-2 所示工件上进行孔加工的准备训练，了解台式钻床的基本结构和钻床转速的调整方法，掌握根据孔加工的材料与钻孔的直径选择合适的钻削用量的方法，学会确定钻孔位置的两种常用划线方法及工件的装夹方法。

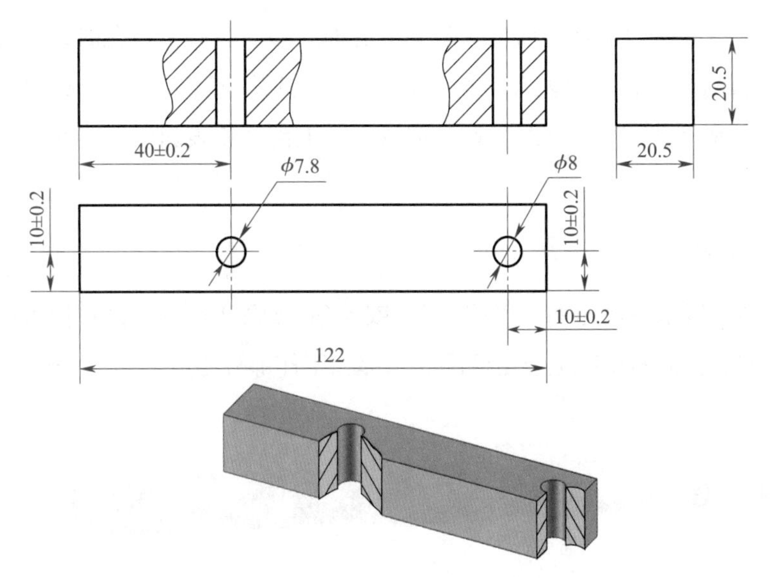

图 5-1 钢件上孔加工技能训练图

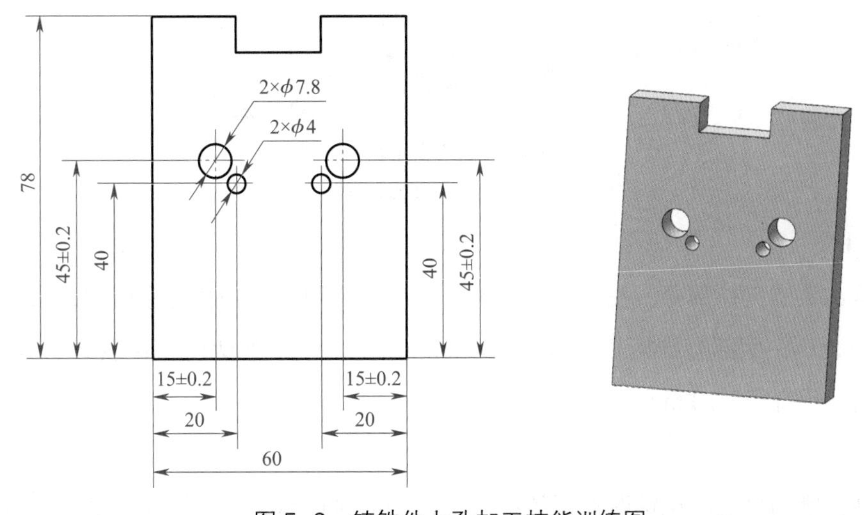

图 5-2 铸铁件上孔加工技能训练图

相关理论

一、钻孔加工

用钻头在钻床上对实体材料进行孔加工的操作称为钻孔。钻孔时，钻头装夹在钻床主轴上，依靠钻头与工件之间的相对运动完成钻削加工。

钻头的切削运动分为主运动和进给运动，如图 5-3 所示。

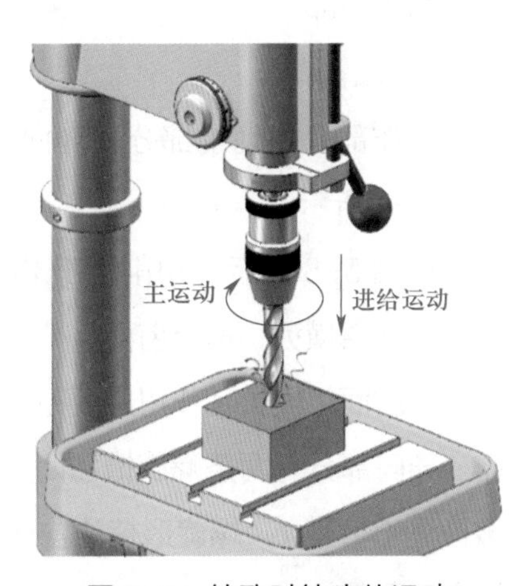

图 5-3 钻孔时钻头的运动

钻削时的主运动为钻床主轴（或钻头）的旋转运

动，钻削时的进给运动为钻床主轴（或钻头）的轴向移动。由于钻孔时钻头处于半封闭状态，转速高，切削量大，排屑困难，因此，钻孔的加工精度不高，一般为 IT11 ~ IT10 级，表面粗糙度 *Ra* 值为 25 ~ 12.5 μm，常用于加工精度和表面质量要求不高的孔或作为孔的粗加工。

二、普通麻花钻

普通麻花钻一般采用高速钢（W18Cr4V 或 W9Cr4V2）制成，经过淬火后，其硬度达到 62 ~ 68HRC。普通麻花钻主要由柄部、颈部和工作部分组成，如图 5-4 所示。

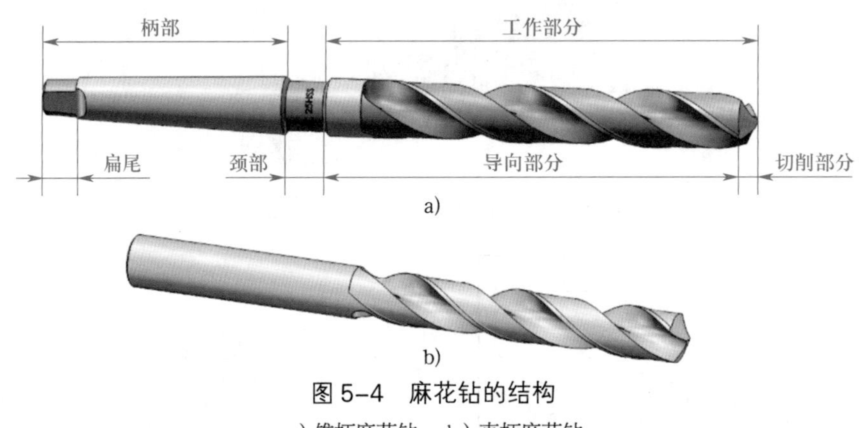

图 5-4　麻花钻的结构

a）锥柄麻花钻　b）直柄麻花钻

1. 柄部

柄部是钻头的夹持部分。在钻削过程中，经装夹后用来定心及传递动力，根据普通麻花钻直径的大小，柄部有锥柄和直柄两种不同的形式。一般锥柄用于直径≥ 13 mm 的钻头，而直柄用于直径 <13 mm 的钻头。

2. 颈部

颈部是在磨制普通麻花钻时遗留的退刀槽，一般普通麻花钻的尺寸规格、材料和商标都标刻在颈部。

3. 工作部分

工作部分由切削部分和导向部分组成，如图 5-4 所示。

如图 5-5 所示，切削部分由两条主切削刃、一条横刃、两个前面、两个主后面和两个副后面组成，其作用主要是承担切削工作。导向部分有两条螺旋槽和两条窄的螺旋形棱边（刃带），螺旋形棱边与螺旋槽表面相交成两条棱刃（副切削刃）。

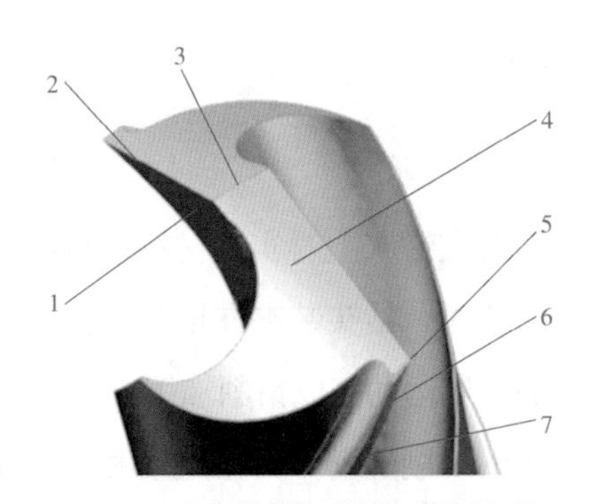

图 5-5　麻花钻切削部分的组成

1—前面　2—主切削刃　3—横刃　4—主后面　5—刀尖
6—副切削刃　7—第一副后面（刃带）

导向部分在切削过程中使钻头保持正确的钻削方向并起修光孔壁的作用，同时通过螺旋槽排屑及输送切削液，此外，导向部分还是切削部分的后备部分。

三、钻床

1. 钻床的分类

钻床是一种用途广泛的孔加工机床。在钻床上，主要用钻头切削加工精度要求不高的孔，此外，还可以进行扩孔、锪孔、铰孔、攻螺纹以及锪平端面等操作。常用钻床按其结构形式不同可以分为台式钻床、立式钻床、摇臂钻床等。

（1）台式钻床

台式钻床的结构及其传动如图 5-6 所示。台式钻床的主轴可以实现五级不同的转速（480 ~ 4 100 r/min），转速之间的转换主要依靠一组带轮，通过改变 V 带在带轮中的位置实现转速的调节。主轴下端为莫氏 2 号圆锥孔，用来安装钻夹头。

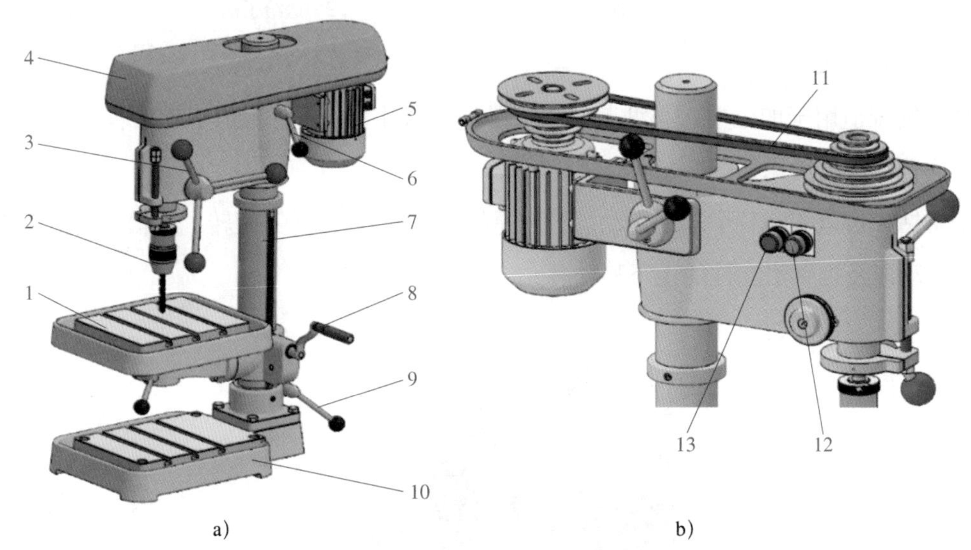

图 5-6 台式钻床的结构及其传动

a）台式钻床的结构 b）台式钻床的传动

1—可调工作台 2—钻夹头（主轴） 3—进给手柄 4—防护罩 5—电动机 6、9—锁紧手柄 7—立柱 8—工作台调节手柄 10—底座 11—V 带 12—启动按钮 13—停止按钮

（2）立式钻床

立式钻床的结构如图 5-7 所示。它的最大钻孔直径为 25 mm，主轴下端采用莫氏 3 号圆锥孔。在加工时，立式钻床可以实现九种不同的主轴转速（97 ~ 1 360 r/min）和九种不同的主轴进给量（0.1 ~ 0.81 mm/r）。

立式钻床除了能实现主运动和进给运动外，还可实现两个辅助运动，分别是进给箱的升降运动和工作台的升降运动。

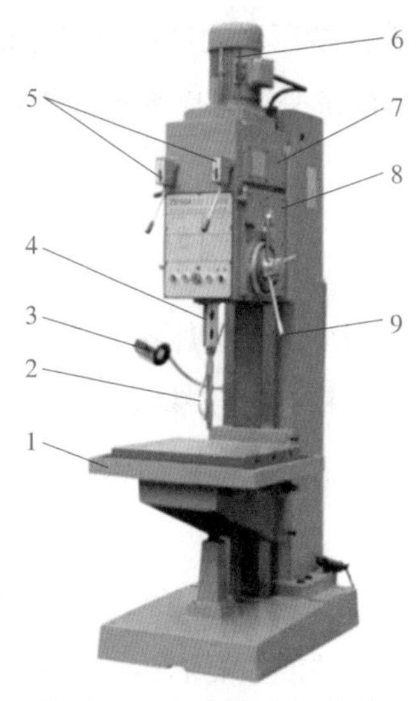

图 5-7 立式钻床的结构

1—工作台 2—输油管 3—照明灯 4—主轴
5—拨叉 6—电动机 7—变速箱 8—进给箱 9—进给手柄

（3）摇臂钻床

摇臂钻床适用于加工中、小型工件，可以进行钻孔、扩孔、铰孔、锪平面及攻螺纹等加工。摇臂钻床的结构如图 5-8 所示。

摇臂钻床可以实现三个辅助运动，分别是摇臂绕内立柱 360°旋转、主轴箱沿摇臂水平导轨的移动以及摇臂沿立柱的上下移动。

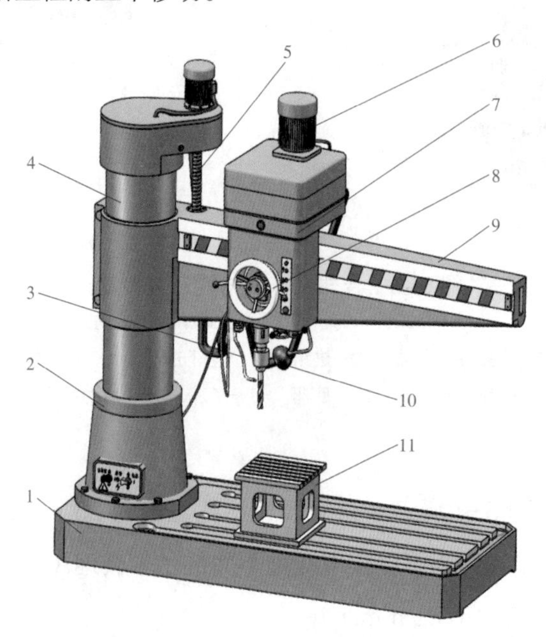

图 5-8 摇臂钻床的结构

1—基座 2—外立柱 3—输油管 4—内立柱 5—丝杆
6—电动机 7—主轴箱 8—进给手轮 9—摇臂 10—照明灯 11—工作台

2. 钻床的维护与保养

（1）在使用过程中，工作台面必须保持清洁。

（2）钻通孔时必须使钻头能通过工作台面上的让刀孔，或在工件下面垫上垫铁，以免钻坏工作台面。

（3）使用完毕必须将机床外露滑动面及工作台面擦拭干净，并对各滑动面和各注油孔加注润滑油。

四、钻削用量的概念和选择

1. 钻削用量的概念

钻削用量包括三个要素，即切削速度、进给量和背吃刀量。

（1）切削速度

钻削时的切削速度是指钻孔时钻头直径上任一点的线速度，用符号 v 表示，单位为 m/min。其计算公式为：

$$v=\frac{\pi Dn}{1\,000}$$

式中 D——钻头直径，mm；

n——钻床主轴转速，r/min。

（2）进给量

钻削时的进给量是指主轴每转一转，钻头对工件沿主轴轴线的相对移动量，用符号 f 表示，单位为 mm/r。

（3）背吃刀量

背吃刀量是指工件上已加工表面与待加工表面之间的垂直距离，如图 5-9 所示，用符号 a_p 表示。对钻削来说，背吃刀量可按下式计算：

$$a_p=\frac{D}{2}$$

式中 D——钻头直径，mm。

2. 钻削用量的选择

（1）钻削用量的选择原则

选择钻削用量的目的是保证加工精度和表面粗糙度要求，以及在保证刀具合理使用寿命的前提下尽可能使生产效率最高；同时，不允许超过机床的功率以及机床、刀具、工件等的强度和刚度的承受范围。

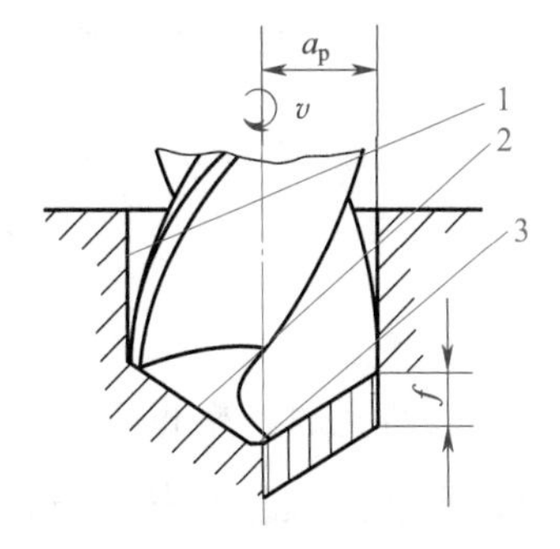

图 5-9 钻削时的加工表面

1—已加工表面 2—待加工表面 3—加工表面

钻孔时，由于背吃刀量已由钻头直径决定，因此只需选择切削速度和进给量。

对钻孔生产效率的影响，切削速度和进给量是相同的；对钻头使用寿命的影响，切削速度比进给量大；对孔的表面粗糙度的影响，进给量比切削速度大。综合以上影响因素，钻孔时选择切削用量的基本原则如下：在允许的范围内，尽量先选择较大的进给量，当进给量受表面粗糙度和钻头刚度的限制时，再考虑选择较大的切削速度。

（2）钻削用量的选择方法

1）背吃刀量的选择。在钻孔过程中，可根据实际情况先用直径为（0.5 ~ 0.7）D 的钻头钻底孔，然后用直径为 D 的钻头进行扩孔，这样可以减小背吃刀量和轴向力，保护机床，同时还可以提高钻孔质量。

2）进给量的选择。孔的加工精度要求较高以及表面粗糙度值要求较小时，应选取较小的进给量；钻孔深度较大，钻头较长，钻头的刚度和强度较低时，也应选取较小的进给量。

3）切削速度的选择。当钻头直径和进给量确定后，钻削速度应按照钻头的使用寿命选取合理的数值。当钻孔深度较大时，应选取较小的切削速度。

五、钻孔时工件的划线及装夹

1. 工件的划线

按钻孔的位置尺寸要求划出孔位的十字中心线，并在中心打上样冲眼。为了便于在钻孔时检查及借正钻孔的位置，可以按加工孔直径的大小划出孔的圆周线；对于直径较大的孔，还可以划出几个大小不等的检查圆或检查方框，如图 5-10 所示。

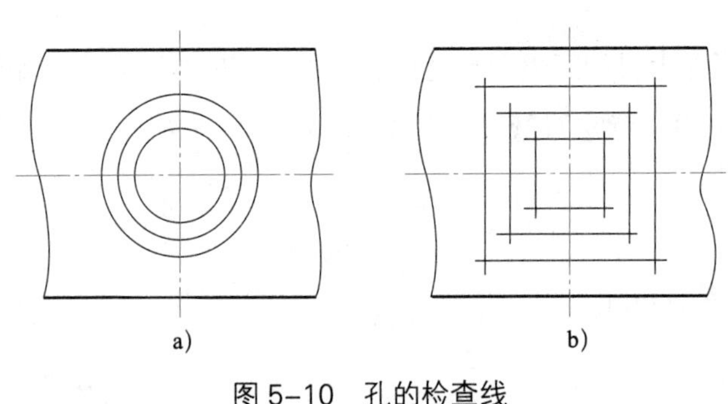

图 5-10　孔的检查线

a）检查圆　b）检查方框

2. 工件的装夹

在工件上钻孔时，根据工件的形状和钻削力的大小（或钻孔的直径）等情况，采用不同的装夹（定位和夹紧）方法，以保证钻孔的质量和安全。常用的钻孔装夹方法如图 5-11 所示。

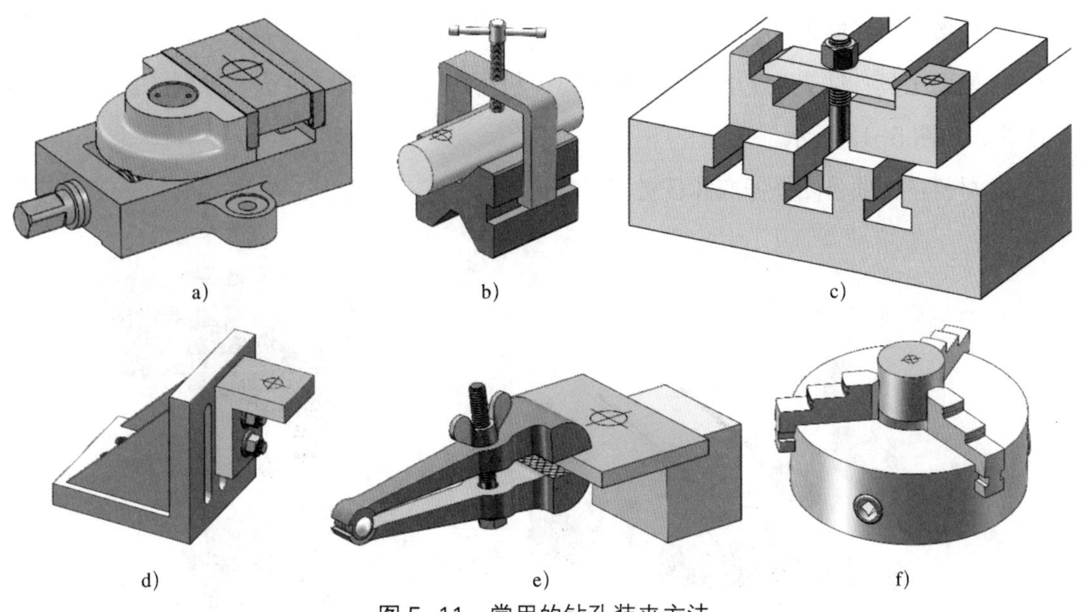

图 5-11 常用的钻孔装夹方法

a）用机用虎钳[①]装夹 b）用 V 形架装夹 c）用台阶垫铁和压板装夹
d）用角铁装夹 e）用手虎钳装夹 f）用三爪自定心卡盘装夹

六、钻孔的安全知识

1. 操作钻床时不可戴手套，袖口必须扎紧，长发女生还要戴好工作帽。

2. 工件必须夹紧，特别是在小工件上钻较大直径孔时必须装夹牢固，孔将钻穿时，要尽量减小进给力。

3. 开动钻床前，应检查是否有钻夹头钥匙或斜铁插在钻床主轴上。

4. 钻孔时不可用嘴吹切屑或用手和棉纱清除切屑，必须用毛刷清除，钻出长条切屑时，要用钩子钩断后再将其除去。

5. 操作者的头部不准与旋转着的主轴靠得太近，停车时应让主轴自然停止，不可用手去制动，也不能用反转制动。

6. 严禁在开车状态下装卸工件。检验工件及变换主轴转速必须在停车状态下进行。

7. 清洁钻床或加注润滑油时必须切断电源。

任务实施

一、操作准备

1. 工具和量具：ϕ4 mm、ϕ7.8 mm、ϕ8 mm 麻花钻若干和游标卡尺等，如图 5-12 所示。

---

① 机床用平口虎钳简称机用虎钳。

2. 设备：台式钻床。

3. 辅助工具：钻夹头（含钻夹头钥匙）、机用虎钳、旋具、油壶和涂料（蓝丹油或其他）等，如图 5-12 所示。

4. 材料：由项目四任务二和任务三转来。

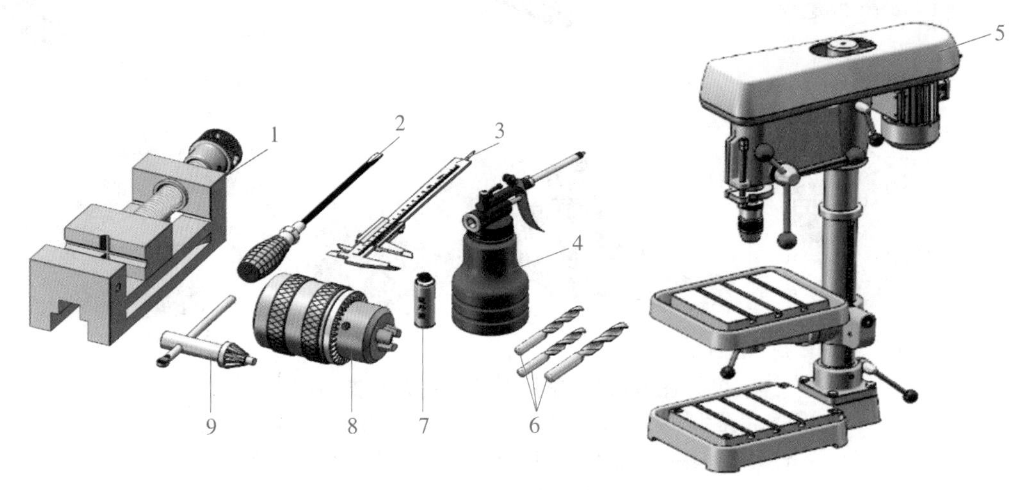

图 5-12　台式钻床操作及钻孔准备

1—机用虎钳　2—旋具　3—游标卡尺　4—油壶

5—台式钻床　6—麻花钻　7—涂料　8—钻夹头　9—钻夹头钥匙

二、台式钻床操作练习

1. 台式钻床开关练习

将绿色启动按钮按下，机床主轴运转，低速运转 3 ~ 5 min，检查主轴转动方向，确认正常后方可开始工作。按下红色按钮，机床主轴停转。

2. 台式钻床转速变换练习

先松开锁紧台式钻床上防护罩的翼形螺母，再取下防护罩，然后用手旋松 V 带，把 V 带旋到合适的带轮轮槽中，最后重新装上防护罩，锁紧翼形螺母，如图 5-13 所示。

a)　　b)

图 5-13　钻床转速的调整

a）取下防护罩　b）调整 V 带

3. 装夹钻头练习

先用钻夹头钥匙逆时针松开钻夹头，然后选择合适的直柄麻花钻装进钻夹头的三个夹爪中，同时调整好麻花钻装夹长度，最后用钻夹头钥匙顺时针锁紧钻头，如图 5-14 所示。

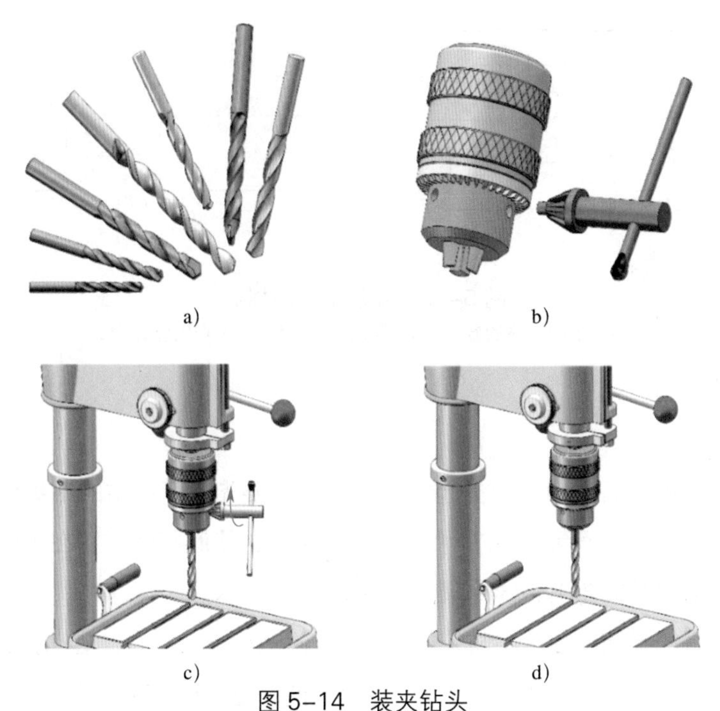

图 5-14　装夹钻头

a）直柄麻花钻　b）钻夹头与钻夹头钥匙　c）麻花钻的夹紧　d）麻花钻安装完成

4. 台式钻床的维护与保养练习

（1）首先切断电源，然后进行维护与保养工作。

（2）清理工作台面，擦拭台式钻床，确保无油污、无锈蚀。

（3）检查机械连接部位的螺钉、螺母是否松动，检查传动系统是否灵活，检查 V 带松紧程度。

（4）检查保护接地或接零线连接是否正确、牢固、可靠，软电缆或软线是否完好无损，插头是否完整无损，台式钻床开关动作是否正常、灵活，有无缺陷、破裂。

（5）检查 V 带是否损坏，防护罩是否正常。

（6）定期用润滑脂润滑，卸下钻床主轴带轮和花键套，将轴承从轴承座中取出，然后添加润滑脂。

三、钻孔操作步骤

进行钻孔练习前，先在长方体钢件右端进行起钻及借正练习（钻 ϕ8 mm 孔）。

1. 划线

按孔的尺寸要求划出十字中心线，然后打上样冲眼，如图 5-15 所示。为了便于及时检查及借正钻孔的位置，可以划出几个大小不等的检查圆。对于尺寸位置要求较高的孔，为避免打样冲眼时产生过大的偏差，可在划十字中心线的同时划出大小不等的方框，作为钻孔时的检查线。

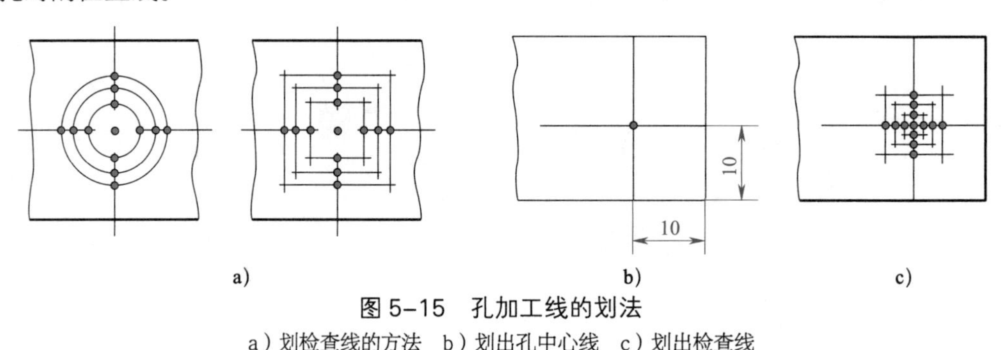

图 5–15　孔加工线的划法

a）划检查线的方法　b）划出孔中心线　c）划出检查线

2. 起钻及借正

（1）起钻

前面的工作都做好后，即可准备起钻。在起钻时要先使麻花钻的钻尖对正所划孔中心线的样冲眼，如图 5–16a 所示。用右手操纵进给手柄，使麻花钻轻压在工件表面上，左手反转钻夹头，使钻尖对准孔中心样冲眼，如图 5–16b 所示。

找正后抬起进给手柄，使钻尖与工件表面距离为 10 mm 左右，启动钻床，如图 5–16c 所示。然后左手轻扶着机用虎钳，右手操纵进给手柄，使麻花钻对工件进行正常的切削，如图 5–16d 所示。

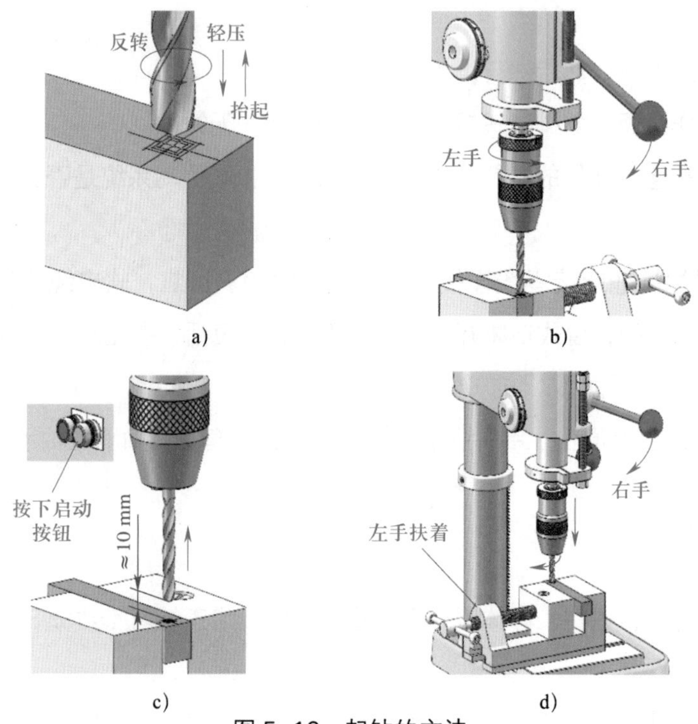

图 5–16　起钻的方法

（2）借正

钻孔时还要根据所划孔的检查线不断进行借正。借正时，先使钻头对准样冲眼中心钻出一浅坑，观察钻孔位置是否正确，通过不断找正使浅坑与钻孔中心同轴。若偏位较少，可在起钻的同时用力将工件向偏位的反方向推移，逐步校正；若偏位较多，可按图 5-17 所示在校正方向打上几个样冲眼或用油槽錾錾出几条槽，以减小此处的切削力，达到校正的目的。无论采用哪种方法，都必须在浅坑外圆直径小于钻头直径前完成；否则校正就困难了。

当起钻达到钻孔位置要求后，即可按要求完成钻孔操作。手动进给时，进给用力不应使钻头弯曲，以免钻孔轴线歪斜。

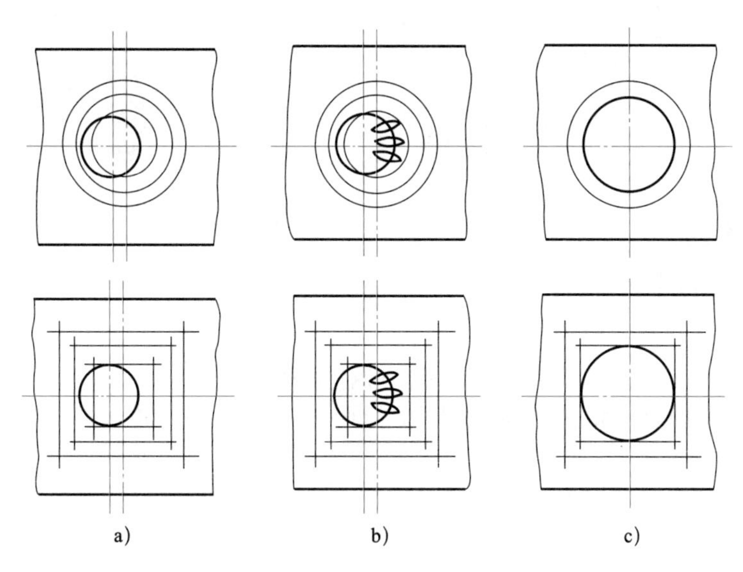

图 5-17 起钻偏位找正方法

a）偏离 b）錾槽校正 c）正确

（3）在钢件上钻 ϕ8 mm 孔的操作

按上述方法完成 ϕ8 mm 孔的钻削加工，并检验孔边距（10±0.2）mm 是否达到图样要求。用游标卡尺测量孔的直径，如图 5-18b 所示。用游标卡尺测量孔边距 A_1 和 B_1，如图 5-18c、d 所示。

最后根据图 5-18a 计算出孔边距尺寸 A、B 是否符合（10±0.2）mm 的尺寸精度要求。

（4）在钢件上钻 ϕ7.8 mm 孔的操作

1）划线。按孔的位置尺寸［（10±0.2）mm 和（40±0.2）mm］要求划出十字中心线，同时划出大小不等的方框，作为钻孔时的检查线，然后打上样冲眼，如图 5-19 所示。

2）用 ϕ7.8 mm 的钻头钻孔，并且达到（10±0.2）mm 和（40±0.2）mm 的尺寸精度要求，如图 5-20 所示。

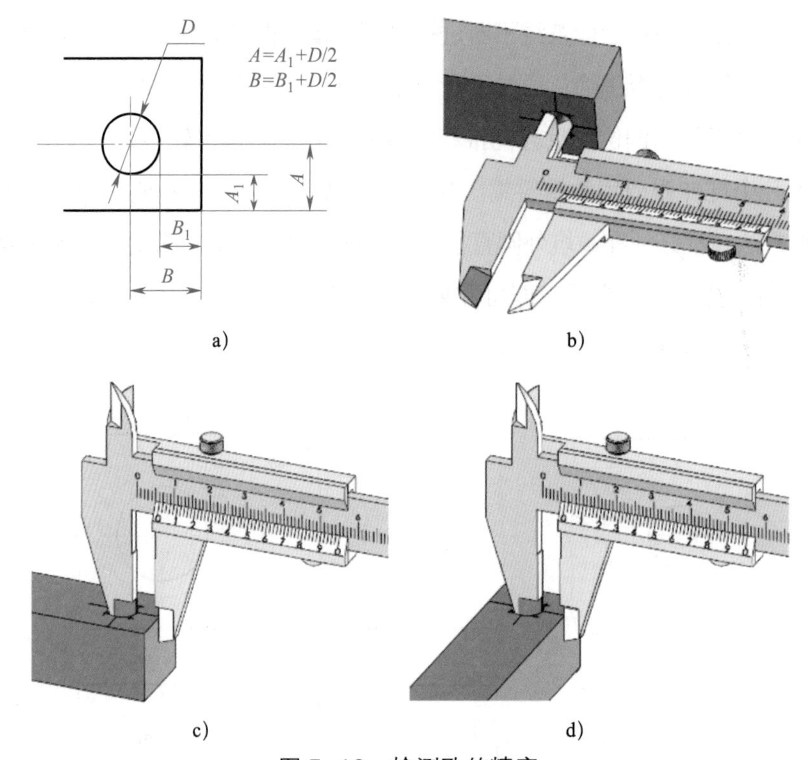

图 5-18　检测孔的精度

a）孔边距尺寸换算　b）测量尺寸 D　c）测量尺寸 B_1　d）测量尺寸 A_1

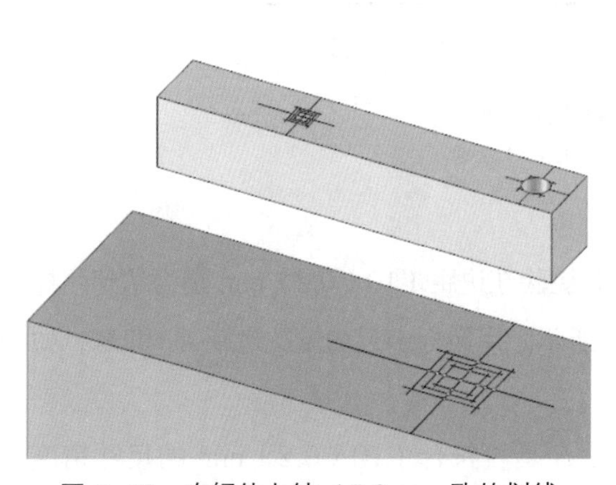

图 5-19　在钢件上钻 ϕ7.8 mm 孔的划线

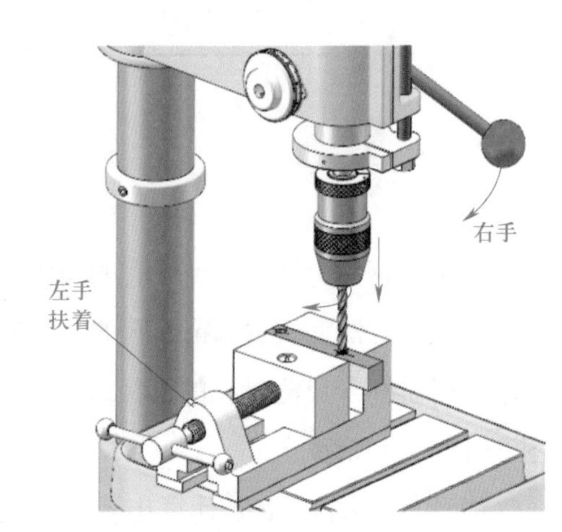

图 5-20　钻 ϕ7.8 mm 孔

（5）在铸铁件上钻 ϕ4 mm 和 ϕ7.8 mm 孔的操作

1）按 ϕ4 mm 工艺孔的位置尺寸（20 mm 和 40 mm）要求划出十字中心线，并打上样冲眼。同时，根据两个 ϕ7.8 mm 孔的位置尺寸 [（15 ± 0.2）mm 和（45 ± 0.2）mm] 要求划出十字中心线，然后划出大小不等的方框，作为钻孔时的检查线，最后打上样冲眼，如图 5-21 所示。

图 5-21　钻 $\phi4$ mm 工艺孔和 $\phi7.8$ mm 练习孔的划线

2）用 ϕ 4 mm 的钻头加工出两个 ϕ 4 mm 工艺孔，如图 5-22 所示。

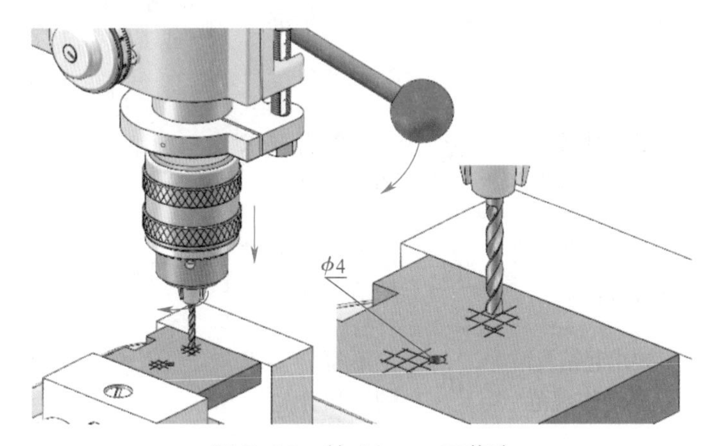

图 5-22　钻 $\phi4$ mm 工艺孔

3）用 ϕ 7.8 mm 的钻头加工出两个 ϕ 7.8 mm 的练习孔，并且达到（15 ± 0.2）mm 和（45 ± 0.2）mm 的尺寸精度要求，如图 5-23 所示。

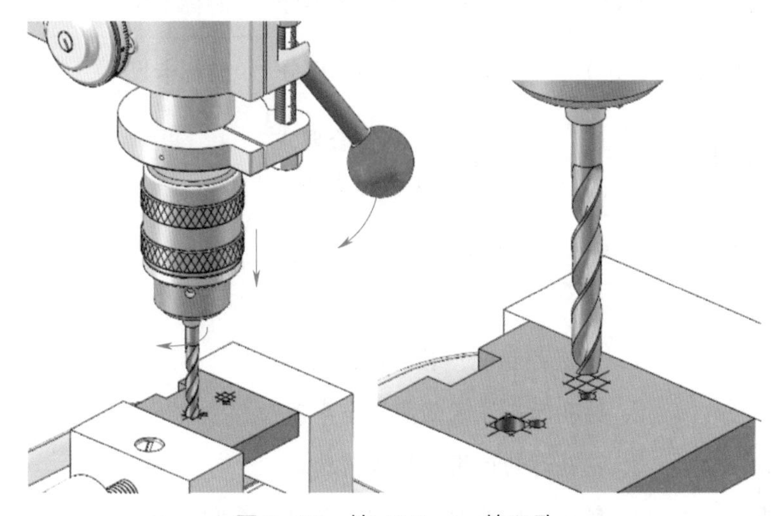

图 5-23　钻 $\phi7.8$ mm 练习孔

四、操作提示

1. 变换钻床转速时，可调节电动机的位置，适当放松 V 带，以便于操作。

2. 升降台式钻床的工作台时，应先松开锁紧工作台的调节手柄，再把工作台调至合适的位置。

评价反馈

钻孔准备及钻孔操作训练成绩评定见表 5-1。

表 5-1　钻孔准备及钻孔操作训练成绩评定

序号	项目与技术要求	配分	评分标准	检测方法或工具	检测结果		得分
					学生自测	教师检测	
1	练习台式钻床转速变换，要求顺序正确，动作规范	20	不符合要求酌情扣分	目测			
2	练习装夹钻头、工件，要求操作正确，动作规范	18	不符合要求酌情扣分	目测			
3	练习孔加工，要求起钻及借正方法正确，钻孔动作规范	20	不符合要求酌情扣分	目测			
4	（10 ± 0.2）mm（3 处）	4 × 3	超差不得分	游标卡尺			
5	（40 ± 0.2）mm	4	超差不得分	游标卡尺			
6	（15 ± 0.2）mm（2 处）	4 × 2	超差不得分	游标卡尺			
7	（45 ± 0.2）mm（2 处）	4 × 2	超差不得分	游标卡尺			
8	安全文明生产	10	不符合要求每次扣 2 分	目测			
合计		100					

1. 什么是钻孔？钻孔有什么特点？
2. 钻孔时应注意哪些安全事项？
3. 钻孔时切削用量应如何选择？
4. 简述标准麻花钻各组成部分的名称及其作用。

任务二　扩孔、锪孔和铰孔

学习目标

1. 能叙述扩孔和锪孔的方法并进行扩孔及锪孔。
2. 能叙述铰孔方法并进行铰孔。
3. 能叙述孔加工时的安全文明生产要求。

任务描述

任务 1：学生根据图 5-24 所示的技能训练图要求，在项目五任务一图 5-1 所示钢件孔加工完成的基础上对 $\phi 8$ mm 孔进行锪孔，将其加工至 $\phi 12$ mm，深度为（8±0.5）mm，

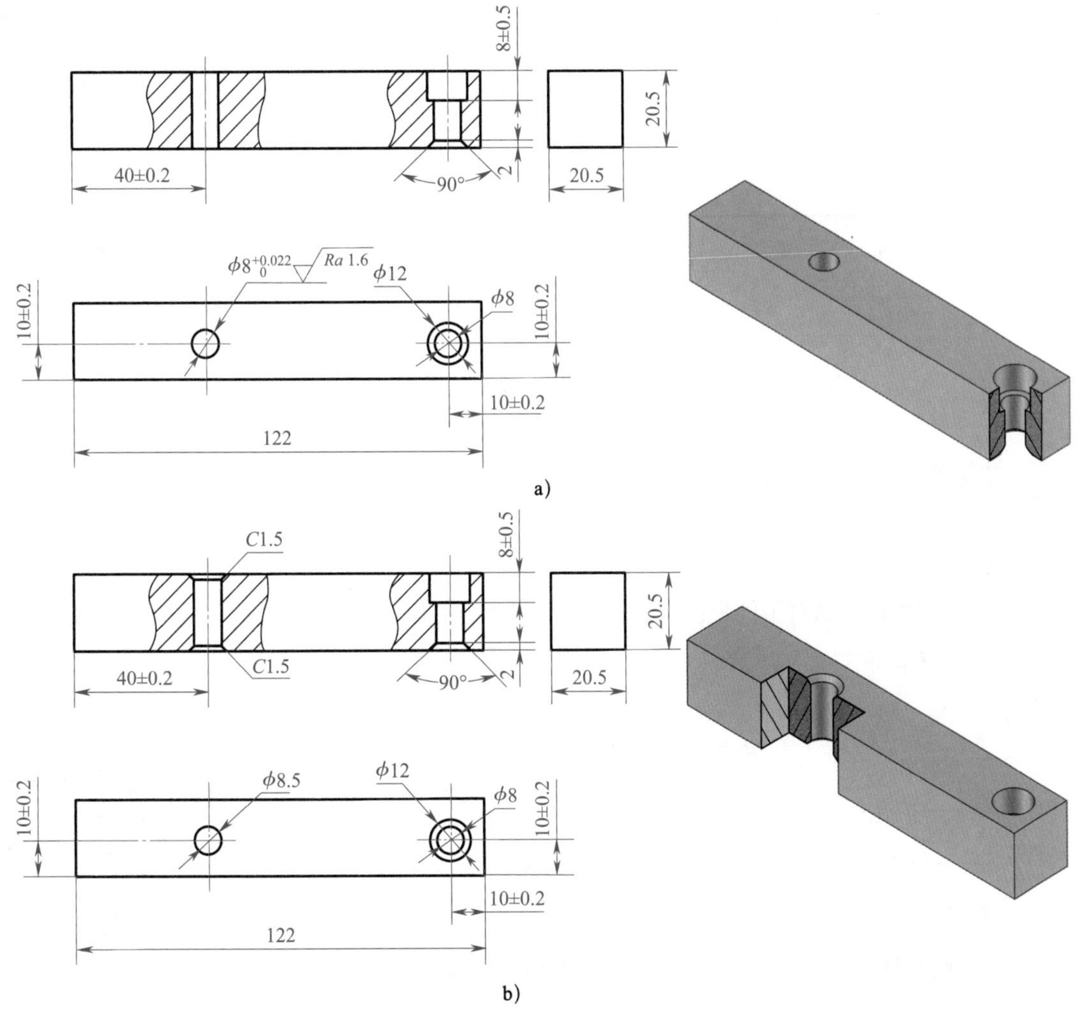

图 5-24　钢件上扩孔、锪孔和铰孔技能训练图

并锪 90°孔口倒角；对 ϕ7.8 mm 孔进行铰孔，加工至 $\phi 8^{+0.022}_{0}$ mm，铰孔质量检测完毕再对 $\phi 8^{+0.022}_{0}$ mm 的孔进行扩孔，加工至 ϕ8.5 mm，并对孔口进行 C1.5 mm 倒角，为下一任务中攻螺纹做准备。

任务 2：学生根据图 5-25 所示的技能训练图要求，在项目五任务一图 5-2 所示铸铁件孔加工完成的基础上对铸铁件上的两个 ϕ7.8 mm 孔进行铰孔。

通过在图 5-24、图 5-25 所示的钢件和铸铁件上进行扩孔、锪孔和铰孔训练，了解扩孔钻、锪钻、铰刀的种类和结构特点，学会在钻床上进行扩孔及锪孔，掌握用手用铰刀在不同材料上铰孔的方法。

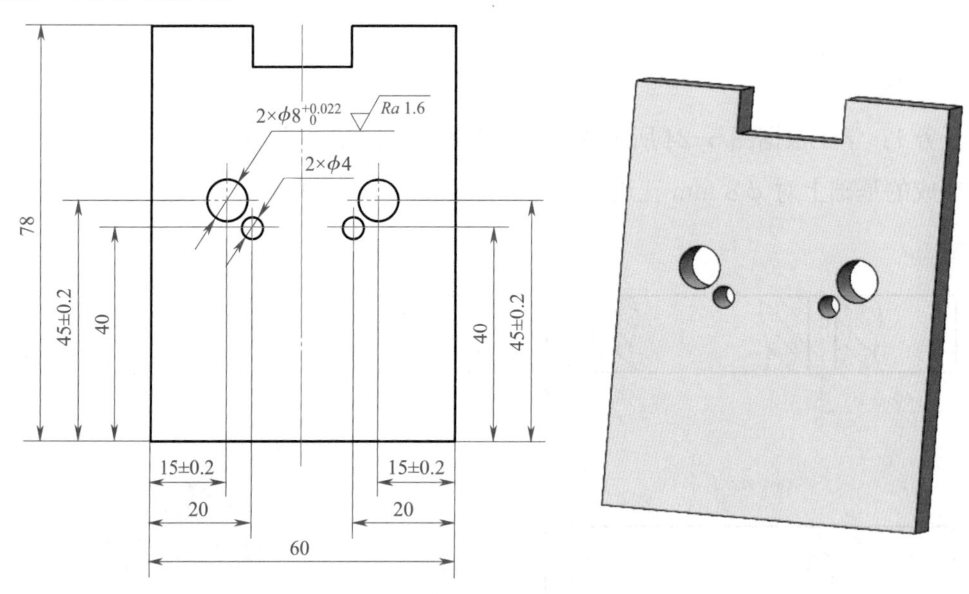

图 5-25　铸铁件上铰孔技能训练图

相关理论

一、扩孔

扩孔是指用扩孔钻对工件上已有的孔进行扩大加工的一种孔加工方法，如图 5-26 所示。

扩孔时的背吃刀量按下式计算：

$$a_{\mathrm{p}}=\frac{D-d}{2}$$

式中　D——扩孔后的直径，mm；

d——工件预加工的底孔直径，mm。

扩孔加工的特点如下：

1. 背吃刀量比钻孔时大大减小，切削力小，切削条件大大改善。

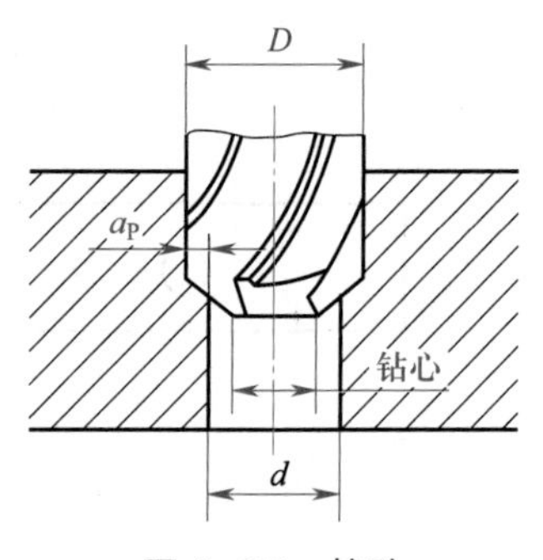

图 5-26　扩孔

2. 避免了横刃切削所引起的不良影响。

3. 产生的切屑体积小，排屑容易。

二、锪孔

用锪钻锪平孔的端面或锪出沉孔的方法称为锪孔。常见的锪孔种类如图 5-27 所示。

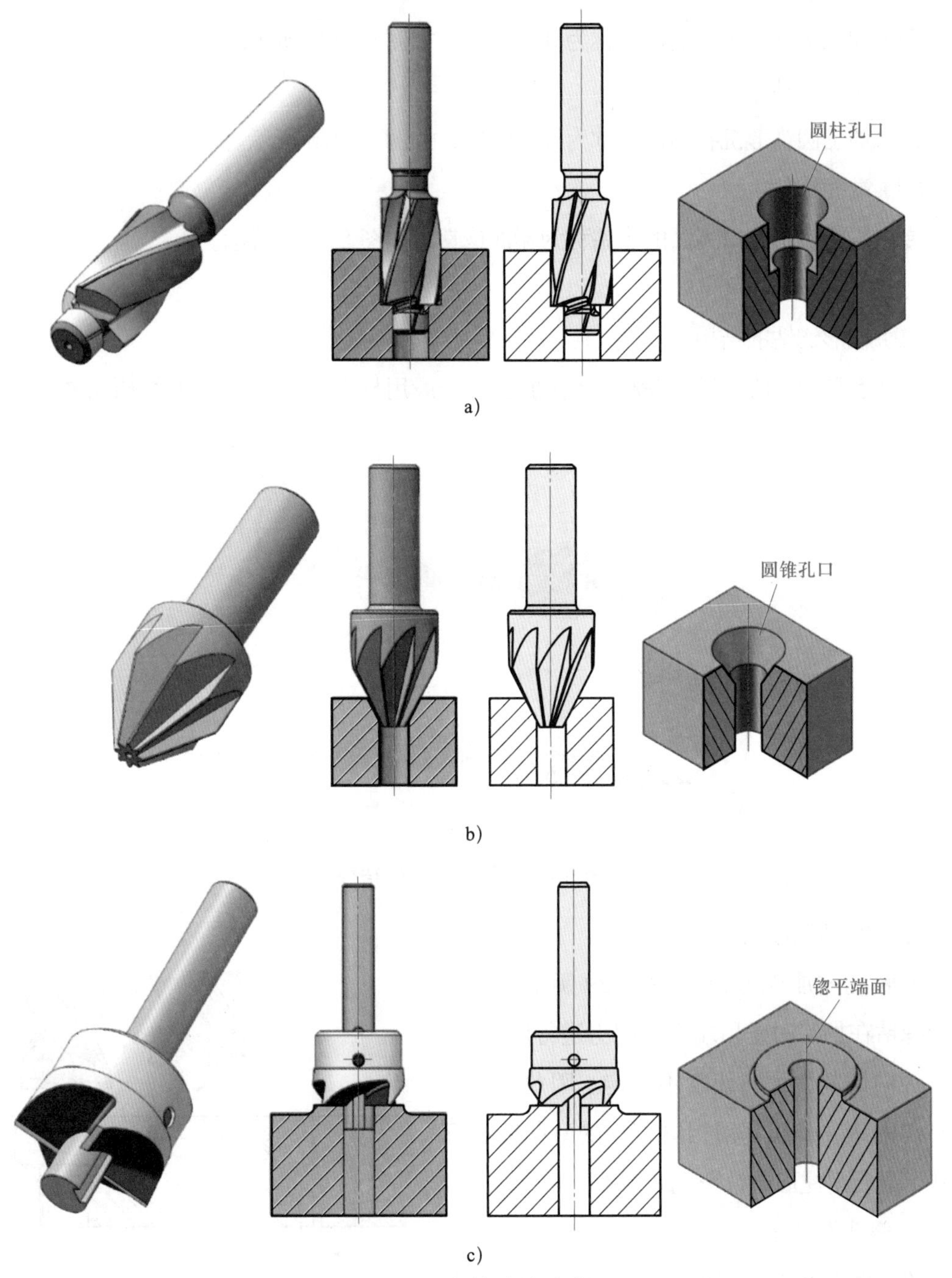

图 5-27 锪孔的种类

a）锪圆柱形沉孔 b）锪圆锥形沉孔 c）锪凸台平面或孔口端面

锪孔的目的是保证孔端面与孔中心线的垂直度，以便在装配与孔连接的工件时，能保证外观整齐，结构紧凑，同时使装配位置正确，连接可靠。

1. 锪钻的种类和特点

常用的锪钻有柱形锪钻、锥形锪钻和端面锪钻三种。

（1）柱形锪钻

用来加工圆柱形沉孔的锪钻称为柱形锪钻，如图 5-27a 所示。

（2）锥形锪钻

用来加工圆锥形沉孔的锪钻称为锥形锪钻，如图 5-27b 所示。

（3）端面锪钻

专门用来锪平孔口端面的锪钻称为端面锪钻，如图 5-27c 所示。

2. 锪孔的工作要点

（1）柱形锪钻的结构

平底台阶孔的加工其实就是锪孔加工，一般用柱形锪钻完成，其结构如图 5-28 所示。

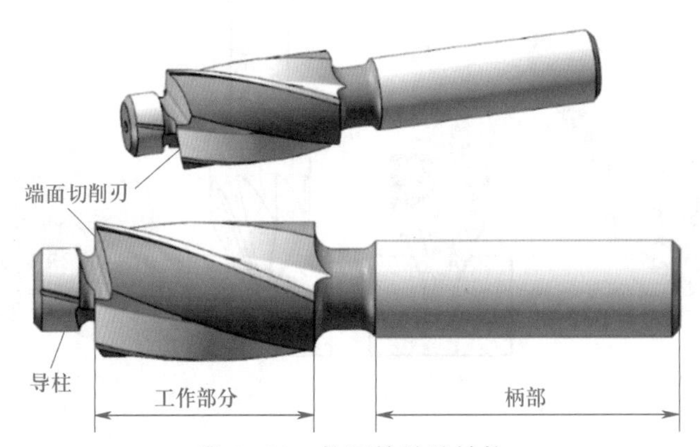

图 5-28　柱形锪钻的结构

（2）平底孔的加工方法

平底孔的加工方法如图 5-29 所示。因为柱形锪钻在加工时是用端面切削刃进行切削的，所以轴向切削力大，切削不稳定。因此，为了减小切削量，一般都用相同直径的麻花钻进行扩孔，最后用柱形锪钻把孔底锪平。

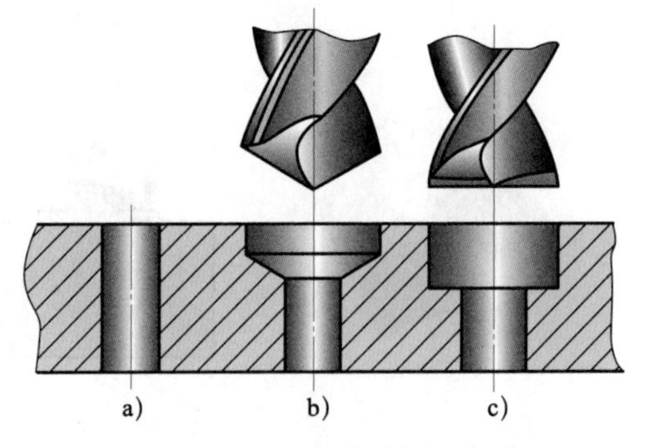

图 5-29　平底孔的加工方法
a）钻孔　b）扩孔　c）锪孔

3. 锪孔的注意事项

锪孔时存在的主要问题是所锪的端面或锥面出现振纹，使用麻花钻改磨的锪钻锪孔时振纹现象尤为严重。因此，在锪孔时应注意以下事项：

（1）锪孔时，进给量为钻孔时的 2 ~ 3 倍，切削速度为钻孔时的 1/3 ~ 1/2。精锪时，往往利用钻床停车后主轴的惯性来锪孔，以减少振动，从而获得光滑的加工表面。

（2）尽量选用较短的钻头改磨成锪钻，并注意修磨前面，减小前角，以防止扎刀和振动现象的产生；同时应选用较小的后角，以防止加工中出现多边形。

（3）加工塑性材料时，因产生的切削热较多，加工过程中应在导柱和切削表面之间加注切削液。

三、铰孔

用铰刀从工件孔壁上切除微量金属层，以提高其尺寸精度和降低表面粗糙度值的方法称为铰孔。由于铰刀的刀齿数量多，切削余量小，因此，铰削时产生的切削力小，导向性好，故加工精度高，一般可以达到 IT9 ~ IT7 级，表面粗糙度 Ra 值可以达到 1.6 μm。

1. 铰刀的种类和结构特点

铰刀的种类很多，钳工常用的铰刀有整体式圆柱铰刀、可调节式手用铰刀、锥铰刀、螺旋槽手用铰刀等。

（1）整体式圆柱铰刀

整体式圆柱铰刀主要用来铰削标准直径系列的孔。整体式圆柱铰刀分为手用铰刀和机用铰刀两种，其结构如图 5-30 所示。

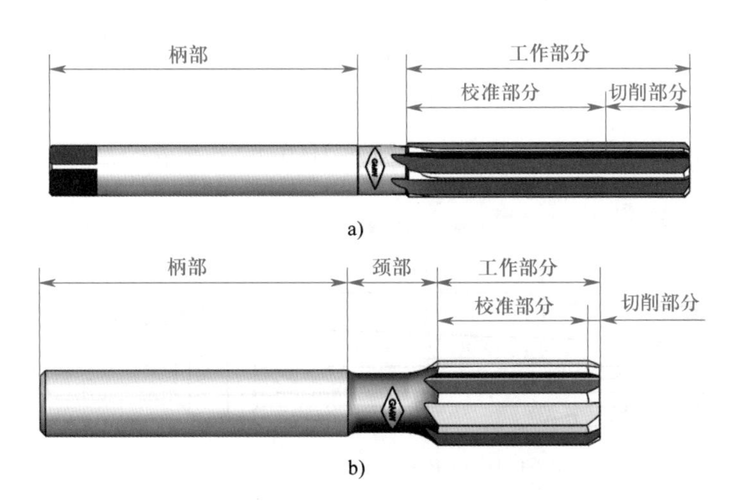

图 5-30　整体式圆柱铰刀的结构

a）手用铰刀　b）机用铰刀

铰刀的直径是其最基本的结构参数，其精确程度直接影响铰孔的精度。标准铰刀按直径公差不同分为 1 号、2 号、3 号，直径尺寸一般留有 0.005 ~ 0.02 mm 的研磨量，供使用者按需要的尺寸进行研磨。

铰孔后孔径可能会收缩。如果使用硬质合金铰刀、无刃铰刀或铰削硬材料时，挤压现象比较严重，铰孔后由于材料弹性回复而使孔径缩小。在铸铁件上铰孔时加注煤油进行润滑，由于煤油的渗透性较强，铰刀与工件之间形成的油膜产生挤压作用，也会使铰孔后孔径缩小。目前收缩量的大小尚无统一规定，一般应根据实际情况来确定铰刀的直径。

铰孔后的孔径也有可能扩张。影响扩张量的因素很多，情况也比较复杂。如确定铰刀直径时无把握，最好通过试铰，按实际情况修正铰刀直径。

手用铰刀一般采用高速钢或高碳钢制作，机用铰刀一般采用高速钢制作。

（2）可调节式手用铰刀

在单件生产和修配工作中常常需要铰削少量非标准孔，这时则应使用可调节式手用铰刀，其外形如图 5-31 所示。

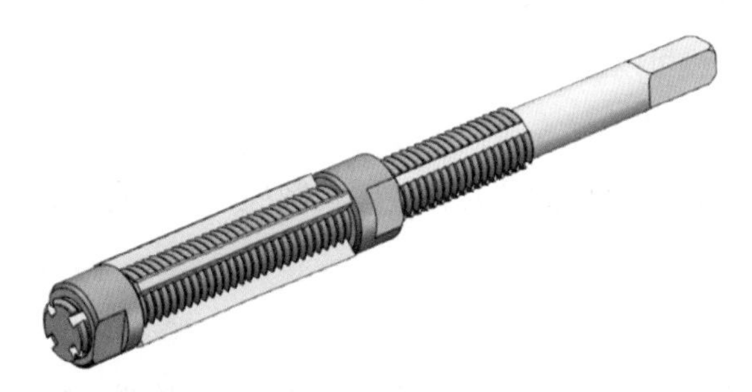

图 5-31　可调节式手用铰刀的外形

可调节式手用铰刀的结构如图 5-32 所示，其刀体上开有斜底槽，具有同样斜度的刀片可放置在槽内，用调整螺母和压圈压紧刀片的两端。调节调整螺母，可使刀片沿斜底槽移动，即能改变铰刀的直径，以适应加工不同孔径工件的需要。加工孔径的范围为 6.25 ~ 44 mm，铰刀直径的调节范围为 0.75 ~ 10 mm。

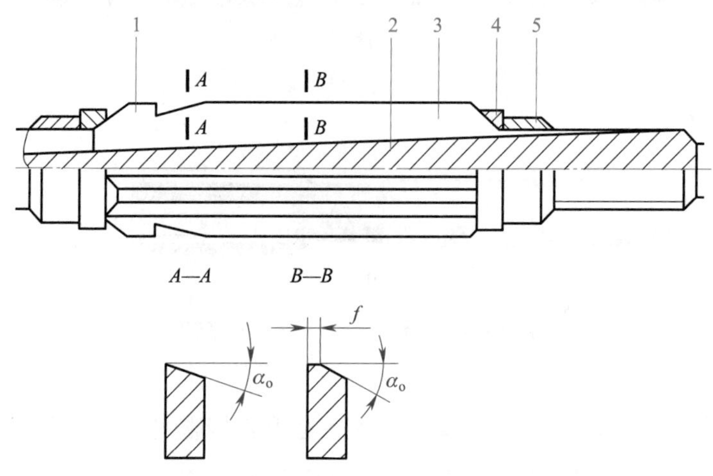

图 5-32　可调节式手用铰刀的结构

1—引导部分　2—刀体　3—刀片　4—压圈　5—调整螺母

可调节式手用铰刀的刀体用 45 钢制作，铰刀直径小于或等于 12.75 mm 时，用低合金刃具钢制作刀片；铰刀直径大于 12.75 mm 时，用高速钢制作刀片。

（3）锥铰刀

锥铰刀用于铰削圆锥孔，常用的有以下几种：

1）1∶50 锥铰刀。1∶50 锥铰刀主要用来铰削圆锥定位销孔，其外形如图 5-33 所示。

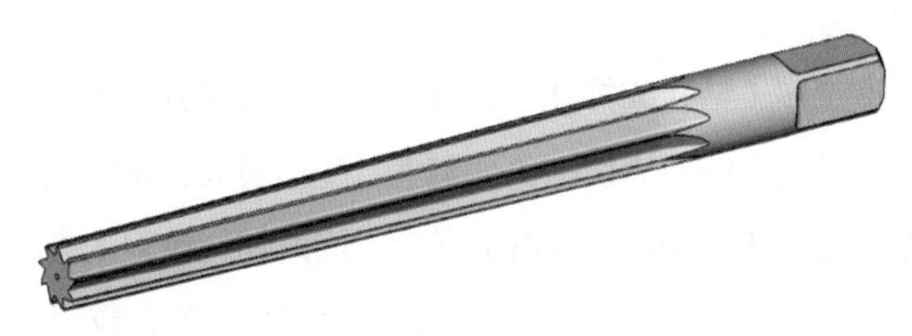

图 5-33　1∶50 锥铰刀的外形

2）1∶10 锥铰刀。1∶10 锥铰刀用来铰削联轴器上的锥孔。

3）莫氏锥铰刀。莫氏锥铰刀用来铰削 0 ～ 6 号莫氏锥孔，其锥度近似于 1∶20。

4）1∶30 锥铰刀。1∶30 锥铰刀用来铰削套式刀具上的锥孔。

用锥铰刀铰孔时，由于加工余量大，整个刀齿都作为切削刃进行切削，切削负荷大，因此，在切削加工过程中，每进刀 2 ～ 3 mm 应将铰刀取出一次，以清除切屑。1∶10 锥孔和莫氏锥孔的锥度大，加工余量更大，为了使铰削省力，这类铰刀一般制成 2 ～ 3 把一套，其中一把是精铰刀，其余是粗铰刀，如图 5-34 所示。粗铰刀的切削刃上开有螺旋形分布的分屑槽，有分屑和导向的作用，从而可减轻切削负荷。

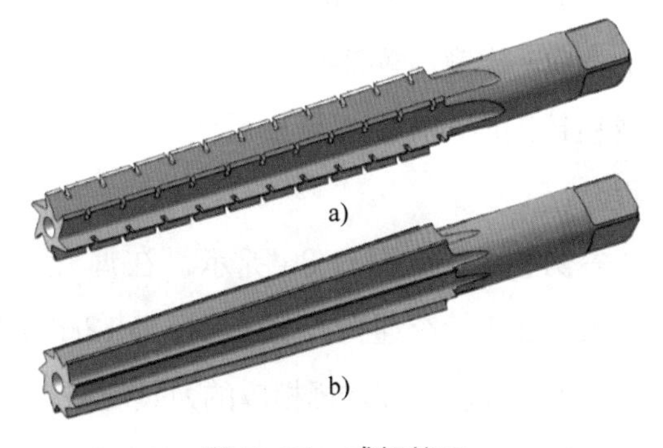

图 5-34　成组铰刀
a）粗铰刀　b）精铰刀

（4）螺旋槽手用铰刀

用普通直槽铰刀铰削带有键槽的孔时，因为切削刃会被键槽的棱边钩住，从而造成铰削无法顺利进行，因此必须采用螺旋槽手用铰刀，如图 5-35 所示。

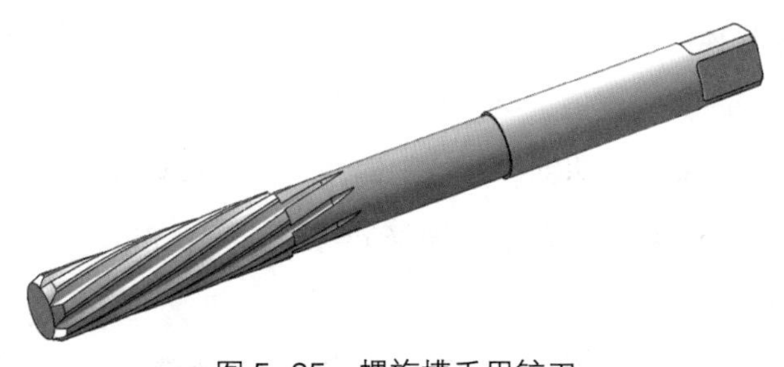

图 5-35　螺旋槽手用铰刀

使用螺旋槽手用铰刀铰孔时，切削力沿圆周均匀分布，铰削平稳，铰出来的孔壁表面光滑。一般螺旋槽的方向是左旋，以避免铰削时因铰刀的正向转动而产生自动旋进的现象；同时，左旋切削刃容易使切屑向下移动，易将切屑推出孔外。

2. 铰削用量

铰削用量包括铰削余量 $2a_p$、切削速度 v 和进给量 f。

（1）铰削余量 $2a_p$

铰削余量是指上道工序（钻孔或扩孔）完成后留下的直径方向的加工余量。铰削余量不宜过大，因为铰削余量过大会使刀齿切削负荷增大，变形增大，切削热增加，被加工表面呈撕裂状态，致使尺寸精度降低，表面粗糙度值增大，同时加剧铰刀的磨损。铰削余量也不宜过小；否则，上道工序的残留变形难以纠正，原有刀痕不能去除，铰削质量达不到要求。

选择铰削余量时，应考虑孔径的大小、材料的软硬程度、工件的尺寸精度和表面粗糙度要求、铰刀的类型等诸多因素的综合影响。用普通标准高速钢铰刀铰孔时，铰削余量可参考表 5-2 选取。

表 5-2　铰削余量　　mm

铰孔直径	<5	5 ~ 20	21 ~ 32	33 ~ 50	51 ~ 70
铰削余量	0.1 ~ 0.2	0.2 ~ 0.3	0.3	0.5	0.8

此外，铰削余量的确定与上道工序的加工质量有直接的关系。对铰削前预加工孔时出现的弯曲、锥度、椭圆和不光洁等缺陷，应有一定限制。铰削精度较高的孔时，必须经过扩孔或粗铰工序，才能保证最后的铰孔质量。因此，确定铰削余量时还要考虑铰孔的工艺过程。

例 5-1　如图 5-36 所示，在厚度为 20 mm 的 Q235 钢板上加工一个通孔，要求保证 ϕ12H9 的尺寸精度，试确定其加工步骤，并选择相应的刀具规格。

解： 通过分析，加工该孔的步骤及相应的刀具规格见表 5-3。

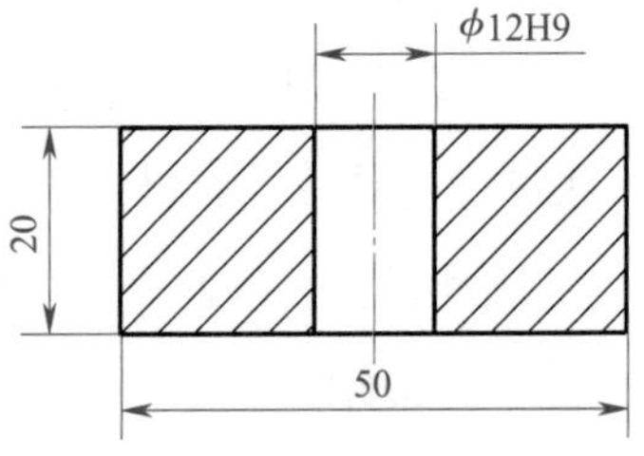

图 5-36　加工孔举例

（2）机铰切削速度 v

为了得到较小的表面粗糙度值，必须避免产生积屑瘤，减少切削热和切削变形，因此应选用较小的切削速度。采用高速钢铰刀铰削钢件时，选择 v=4 ~ 8 m/min；铰削铸铁件时，选择 v=6 ~ 8 m/min；铰削铜件时，选择 v=8 ~ 12 m/min。

（3）机铰进给量 f

进给量要适当，过大，铰刀容易磨损，也影响加工质量；过小，则很难切下金属材料，形成对材料的挤压，使其产生塑性变形和表面硬化，最后致使切削刃撕去大片切屑，使表面粗糙度值增大，并加快铰刀的磨损。

机铰钢件和铸铁件时，f=0.5 ~ 1 mm/r；机铰铜件或铝件时，f=1 ~ 1.2 mm/r。

表 5-3 孔加工步骤及相应的刀具规格

序号	步骤	刀具规格	说明
1	钻底孔	ϕ6 ~ 8.4 mm	根据公式（0.5 ~ 0.7）D 计算得出结果，式中 D 为所加工孔的直径，这里为 12 mm
2	扩孔	ϕ11.7 ~ 11.8mm 扩孔钻	根据表 5-2 选择铰削余量为 0.2 ~ 0.3 mm，再根据公式［D-（0.2 ~ 0.3）］算出结果，式中 D 为所加工孔的直径，这里为 12 mm
3	铰孔	ϕ12H9 整体式圆柱铰刀	直接按孔的加工要求选择铰刀

3. 铰削操作方法

（1）将手用铰刀装夹在铰杠上。

（2）在开始铰削前，可采用单手对铰刀施加压力，所施压力必须通过工件孔的轴线，同时转动铰刀起铰，如图 5-37 所示。正常铰削时，两只手用力要均匀，平稳地旋转铰杠，不得有侧向压力，同时适当加压，使铰刀均匀地进给，如图 5-38 所示，以保证铰刀正确切削，获得较小的表面粗糙度值，并避免孔口形成喇叭形或将孔径扩大。

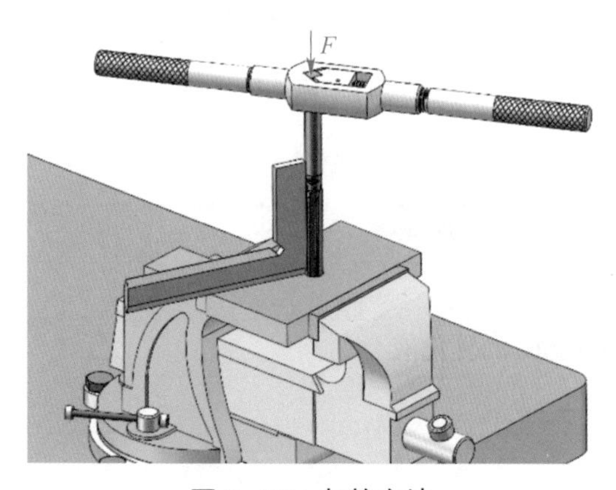

图 5-37 起铰方法

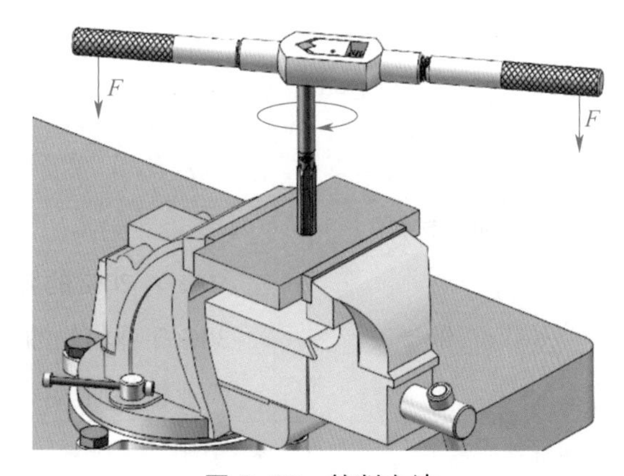

图 5-38 铰削方法

（3）铰刀铰孔或退出铰刀时，铰刀均不能反转，如图 5-39 所示，以防止刃口磨钝或将切屑嵌入刀具后面与孔壁之间，将孔壁划伤。

（4）机铰时，应使工件一次装夹完成钻孔、铰孔操作，以保证铰刀中心线与钻孔中心线一致。铰削完毕，要等铰刀退出后再停车，以防止将孔壁拉出痕迹。

（5）铰削尺寸较小的圆锥孔时，可先按小端直径钻出圆柱底孔，要求留有一定的铰削余量，然后再用锥铰刀铰孔即可。对孔径和深度较大的锥孔，为了减小铰削余量，铰孔前可先钻出台阶孔，如图 5-40 所示，然后再用铰刀铰孔。铰削过程中要经常用与之相配的圆锥销来检查铰孔的尺寸，如图 5-41 所示。

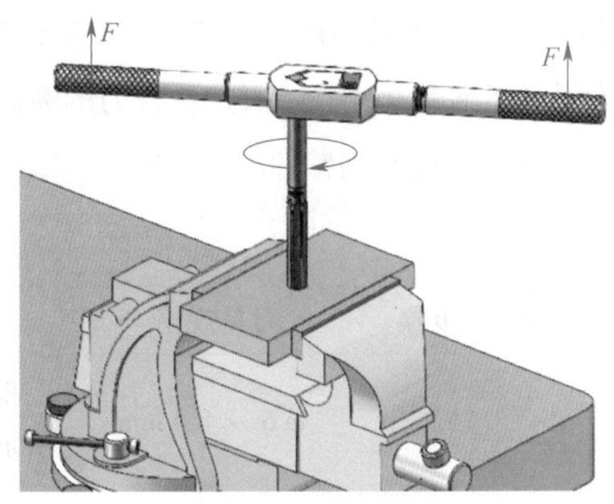

图 5-39　铰刀退出

（6）铰孔时必须选用适当的切削液来减小摩擦并降低铰刀和工件的温度，防止产生积屑瘤，避免切屑细末黏附在铰刀切削刃上以及孔壁和铰刀之间，从而减小工件表面的表面粗糙度值与孔的扩大量。

铰孔时切削液的选用见表 5-4。

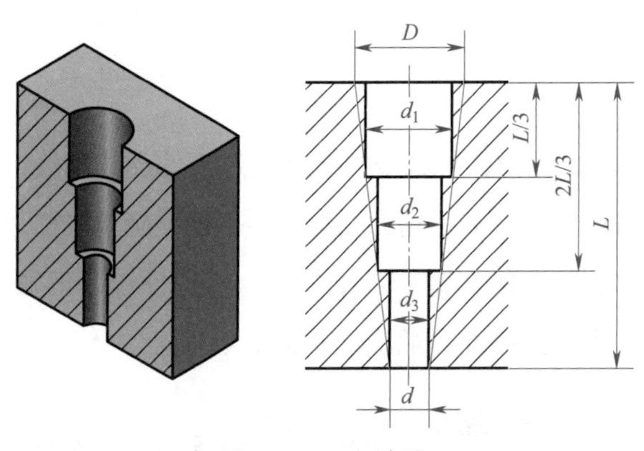

图 5-40　台阶孔

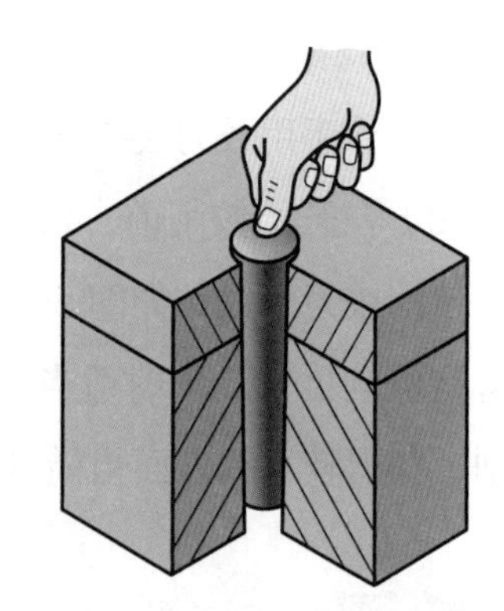
图 5-41　用圆锥销检查铰孔尺寸

表 5-4　铰孔时切削液的选用

加工材料	切削液
钢	10% ~ 20% 的乳化液
	30% 工业植物油 +3% ~ 5% 的乳化液
	工业植物油
铸铁	不用
	煤油（但会引起孔径缩小）
	3% ~ 5% 的乳化液
铝	煤油
	5% ~ 8% 的乳化液
铜	5% ~ 8% 的乳化液

4. 铰孔时常见的废品分析

铰孔时常见废品形式及其产生原因见表 5-5。

表 5-5 铰孔时常见废品形式及其产生原因

废品形式	产生原因
表面粗糙度达不到要求	1. 铰刀刃口不锋利或有崩裂处，铰刀切削部分和校准部分不光洁 2. 切削刃上黏附有积屑瘤，容屑槽内切屑堆积过多 3. 铰削余量太大或太小 4. 切削速度太高，以至于产生积屑瘤 5. 铰刀退出时反转，用手用铰刀铰孔时铰刀旋转不平稳 6. 切削液不充足或选用不当 7. 铰刀偏摆过大
孔径扩大	1. 铰刀与孔的中心不重合，铰刀偏摆过大 2. 进给量和铰削余量太大 3. 切削速度太高，使铰刀温度上升，孔径增大 4. 铰刀直径不符合要求
孔径缩小	1. 铰刀超过磨损标准，尺寸变小仍继续使用 2. 铰刀磨钝后继续使用，从而引起过大的孔径收缩 3. 铰削钢料时加工余量太大，铰削完毕因孔的弹性回复使孔径缩小 4. 铰削铸铁件时使用煤油作为切削液
孔中心不直	1. 铰孔前的预加工孔不直，铰削小孔时由于铰刀刚度较低而未能使原有的弯曲度得到纠正 2. 铰刀的切削锥角太大，导向不良，使铰削时方向偏斜 3. 用手用铰刀铰孔时两只手用力不均匀
孔呈多棱形	1. 铰削余量太大且铰刀切削刃不锋利，铰削时发生“啃切”现象，或发生振动而出现多棱形 2. 钻孔不圆，使铰孔时铰刀发生弹跳现象 3. 钻床主轴振摆太大

任务实施

一、操作准备

1. 工具和量具：ϕ12 mm 麻花钻、ϕ12 mm 锪钻、ϕ8.5 mm 锪钻、ϕ8H7 整体式圆柱铰刀、ϕ8H8 塞规、ϕ12 mm 90°倒角钻（可以用麻花钻刃磨替代）、游标卡尺等，如图 5-42 所示。

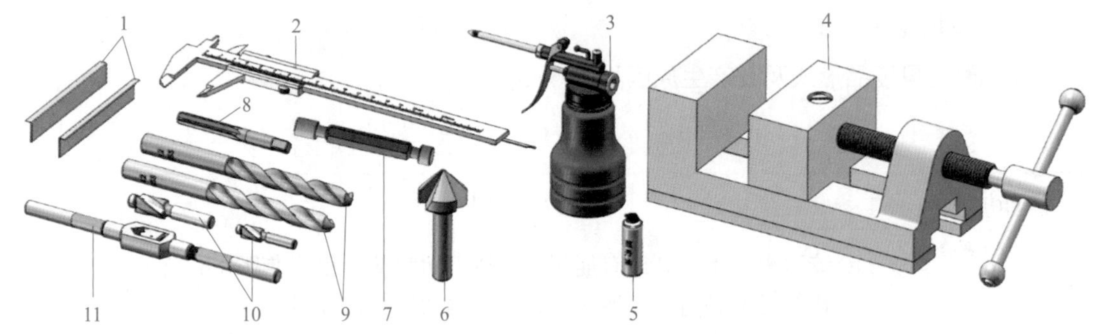

图 5-42　扩孔、锪孔和铰孔操作准备

1—软钳口衬垫　2—游标卡尺　3—油壶　4—机用虎钳
5—涂料　6—倒角钻　7—塞规　8—铰刀　9—麻花钻　10—锪钻　11—铰杠

2. 辅助工具：机用虎钳、铰杠、软钳口衬垫、油壶和涂料（蓝丹油或其他）等。

3. 材料：由项目五任务一转来。

二、操作步骤

1. 在钢件上锪 ϕ12 mm、深度为（8±0.5）mm 的平底台阶孔操作

在加工平底台阶孔时，先换上 ϕ12 mm 的麻花钻，把台式钻床的 V 带调至最低速挡。用起钻前找正的方法，使麻花钻与已加工的 ϕ8 mm 孔同轴，如图 5-43 所示。

在用麻花钻扩孔时可用钻床上的标尺对深度进行控制。控制的方法如图 5-44a 所示，当麻花钻抵住孔口时，使标尺上的螺母与指示缺口间的距离为 8 mm。启动钻床钻孔，由于螺母的限位作用，钻孔深度只能是所调螺母的高度。有些台式钻床会配置深度刻度盘，可以控制标尺螺杆深度，如图 5-44b 所示。

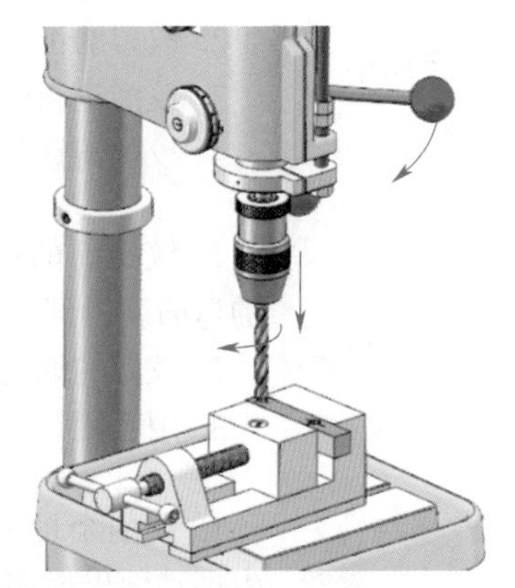

图 5-43　起钻前找正与钻底孔的操作

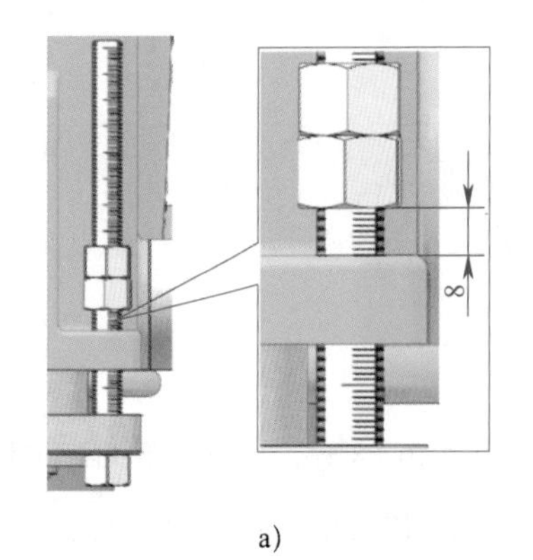

a)

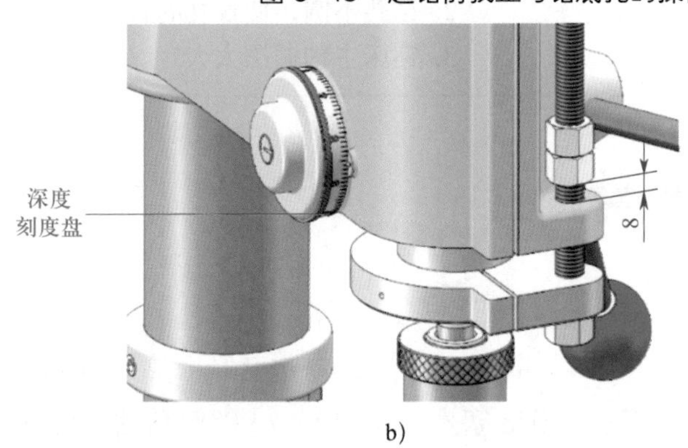

b)

图 5-44　用标尺控制钻孔深度

扩孔结束后，换上柱形锪钻，并使钻床保持最低挡转速，检查无误后就可以开始锪孔，如图 5-45a 所示。由于钻床的标尺只能提供大致的尺寸，精度不高，因此，锪孔时还要经常测量孔的深度尺寸，测量的方法如图 5-45b 所示，这样边锪孔边测量可以保证锪孔深度尺寸，完成工件的加工。

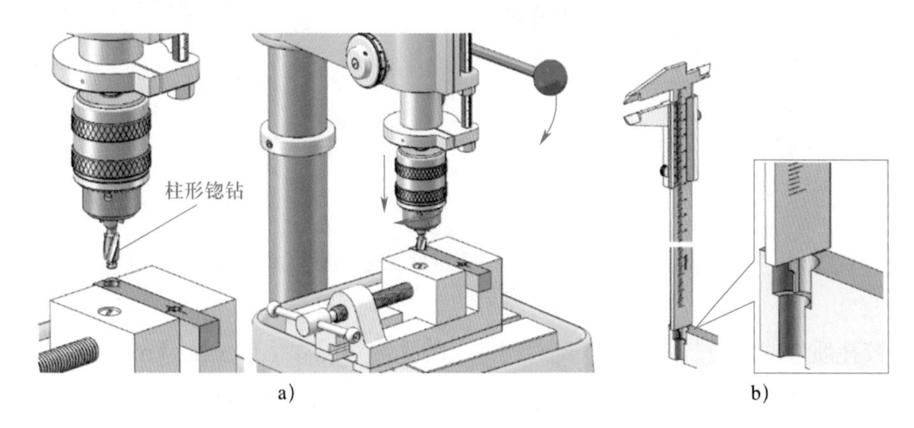

图 5-45 用柱形锪钻锪孔并控制深度尺寸

a）锪孔 b）测量

2. 对孔口进行 90°倒角操作

钻孔完毕，需对孔口进行倒角。倒角时先换上 ϕ 12 mm 90°的倒角钻，如图 5-46a 所示。用起钻前找正的方法让倒角钻与已加工出的孔同轴，在倒角钻接触到工件时，使台式钻床标尺上的螺母与指示缺口间的距离为 2 mm，如图 5-46b 所示，然后启动钻床，使倒角钻向下切削 2 mm，这样就完成了一个孔口的倒角加工，如图 5-46c 所示。孔口倒角的目的主要是去除孔口毛刺，没有较高的精度要求，以后随着加工的熟练，可用目测的方法确定倒角深度。倒角钻也可以用麻花钻来代替，但麻花钻的顶角应刃磨成 90°，如图 5-46d 所示。

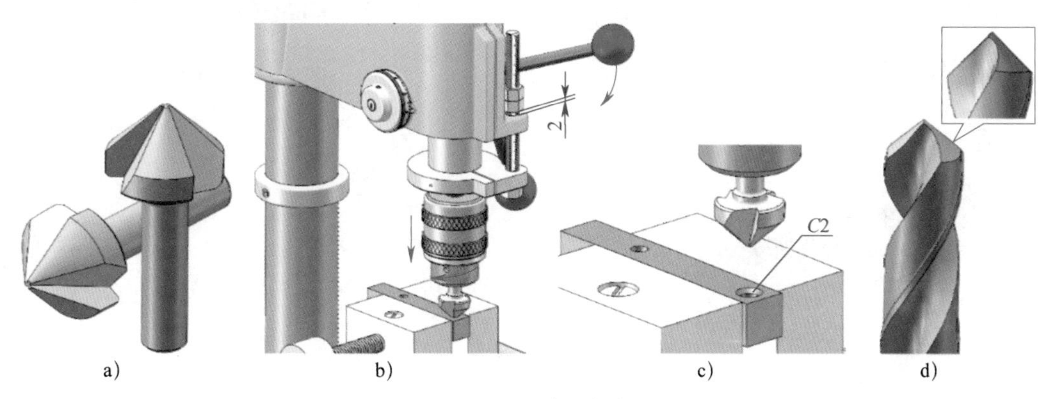

图 5-46 孔口倒角

a）90°倒角钻 b）、c）倒角 d）90°麻花钻

3. 对不同材料上的三个 φ7.8 mm 孔进行铰孔操作

（1）用 φ8H7 整体式圆柱铰刀分别在钢件和铸铁件上进行铰孔练习，要求铰孔后孔壁表面粗糙度 *Ra* 值达到 1.6 μm，如图 5-47 所示。

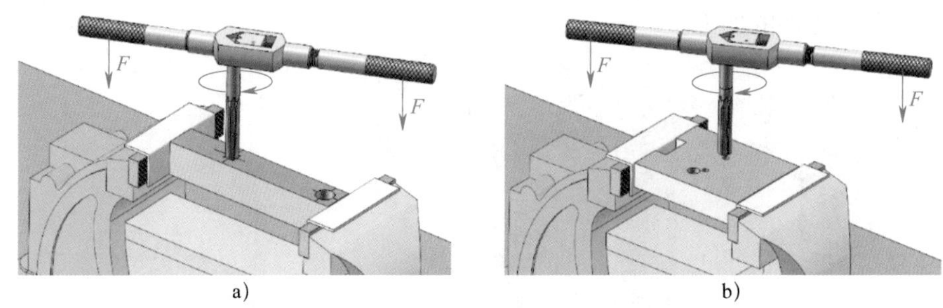

图 5-47 在钢件和铸铁件上进行铰孔练习
a）钢件 b）铸铁件

（2）铰孔质量的检验。用游标卡尺对钢件上的孔边距尺寸（10±0.2）mm、（40±0.2）mm 和铸铁件上的孔边距尺寸（15±0.2）mm、（45±0.2）mm 进行检验，而 $\phi 8^{+0.022}_{0}$ mm 的孔径一般用 φ8H8 的塞规进行检测。

如图 5-48 所示为常见塞规的形状，在它的两端分别有两个圆柱，一端尺寸略长，另一端尺寸略短，长的一端称为通端，而短的一端称为止端，所以塞规又称通止规。通端的直径为所测孔的最小极限尺寸，止端的直径为所测孔的最大极限尺寸。

在本任务中用来检验孔径的塞规通端直径为 8 mm，止端直径为 8.022 mm，如图 5-49a 所示。检验方法如图 5-49b、c 所示，如果塞规的通端能进入孔中，而止端不能进入孔中，表明该孔的孔径在 8 ~ 8.022 mm 范围内，孔径合格；如果通端不能进入孔中，表明孔径太小，不合格；如果止端能塞入孔中，表明孔径太大，也不合格。

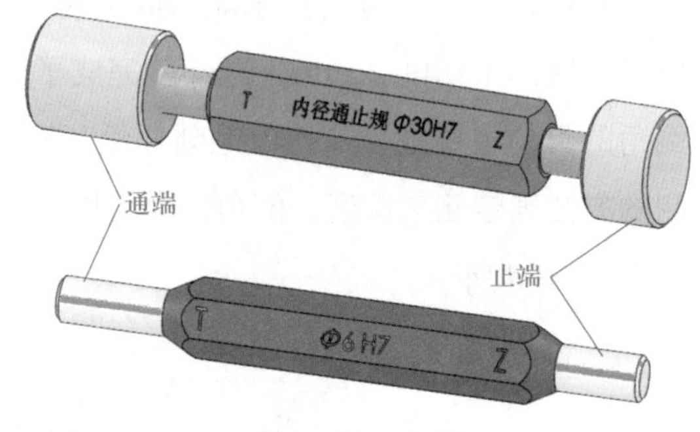

图 5-48 塞规

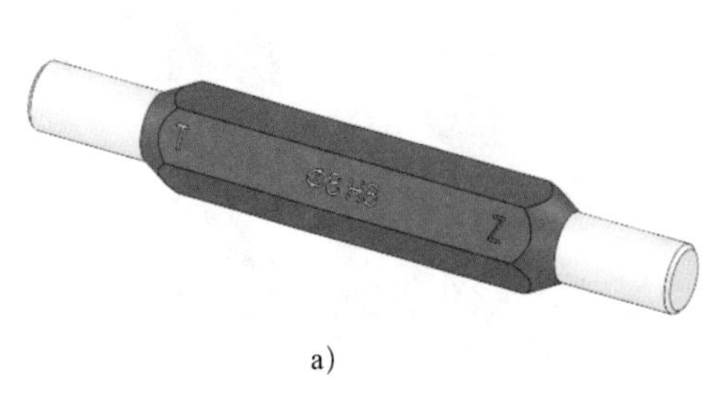

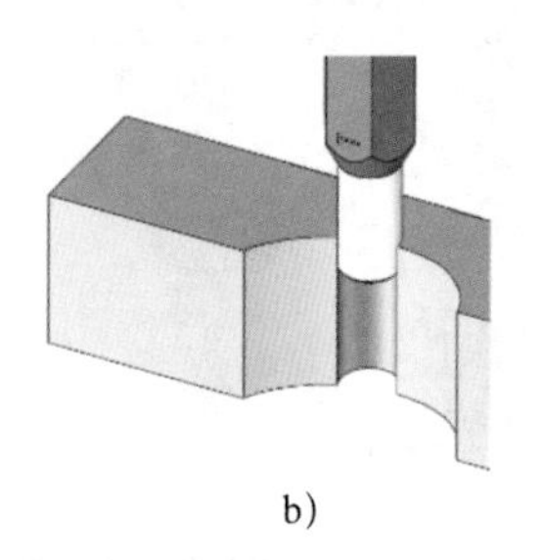

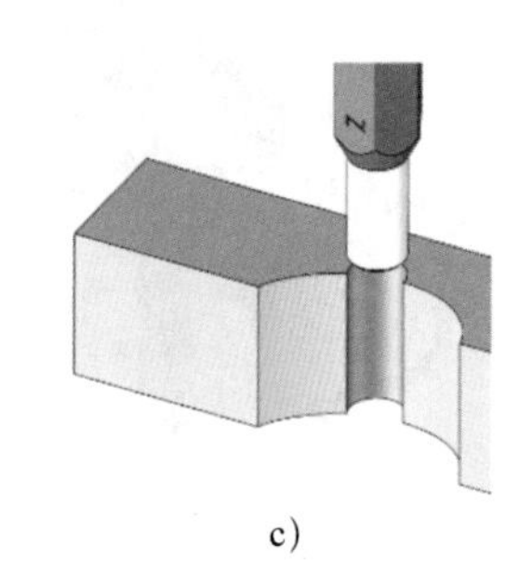

图 5-49 铰孔质量的检验
a）φ8H8 塞规 b）通端进入 c）止端不入

4. 对钢件上 $\phi 8^{+0.022}_{0}$ mm 的孔进行扩孔操作

用 ϕ8.5 mm 锪钻对钢件上 $\phi 8^{+0.022}_{0}$ mm 的孔进行扩孔，并用 ϕ12 mm 90°的倒角钻对两孔口倒角，倒角尺寸为 C1.5 mm，如图 5-50 所示。

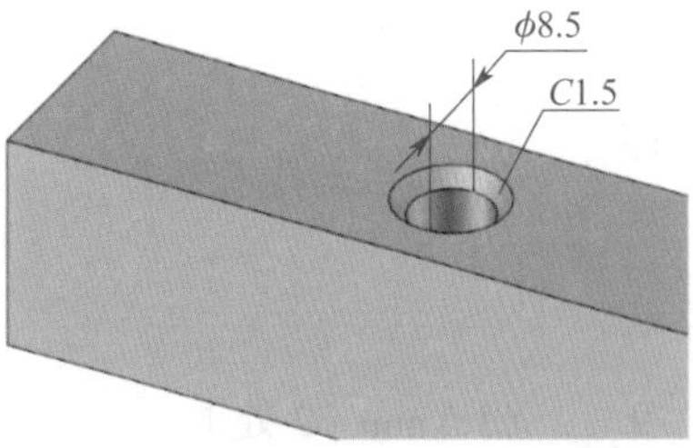

图 5-50 扩孔

三、操作提示

1. 扩孔时，工件必须夹持在机用虎钳上，以防止将工件甩出。

2. 在钢件和铸铁件上铰孔时必须选用不同的切削液，才能达到相关的铰孔要求。

3. 用塞规检测孔径前，必须先将孔中的切屑清理干净。

评价反馈

扩孔、锪孔和铰孔训练成绩评定见表 5-6。

表 5-6 扩孔、锪孔和铰孔训练成绩评定

序号	项目与技术要求	配分	评分标准	检测方法或工具	检测结果		得分
					学生自测	教师检测	
1	扩孔、锪孔和铰孔操作姿势正确，动作规范	8	不符合要求酌情扣分	目测			
2	（10 ± 0.2）mm（3 处）	8 × 3	超差不得分	游标卡尺			
3	（40 ± 0.2）mm	10	超差不得分	游标卡尺			
4	$\phi 8^{+0.022}_{0}$ mm（3 处）	4 × 3	超差不得分	塞规			
5	（15 ± 0.2）mm（2 处）	6 × 2	超差不得分	游标卡尺			
6	（45 ± 0.2）mm（2 处）	6 × 2	超差不得分	游标卡尺			
7	（8 ± 0.5）mm	8	超差不得分	游标卡尺			
8	90°倒角	4	不符合要求酌情扣分	目测			

续表

序号	项目与技术要求	配分	评分标准	检测方法或工具	检测结果		得分
					学生自测	教师检测	
9	C1.5 mm（2 处）	2×2	不符合要求酌情扣分	目测			
10	$Ra \leqslant 1.6$ μm（3 处）	2×3	不正确酌情扣分	表面粗糙度比较样块			
合计		100					

1. 扩孔时切削用量的选择应注意哪些要求？
2. 什么是锪孔？锪孔的形式有哪些？锪孔的目的是什么？
3. 锪孔存在的主要问题是什么？锪孔时有哪些注意事项？
4. 什么是铰孔？铰孔有什么特点？
5. 为什么铰削余量不能留得太大或太小？
6. 铰刀有哪些种类？

任务二　攻螺纹和套螺纹

学习目标

1. 能描述攻螺纹时所使用的工具（丝锥、铰杠）的结构、用途和使用方法。
2. 会进行攻螺纹时底孔直径的计算并选择合适的麻花钻。
3. 能叙述螺纹加工的基本过程，并保证螺孔的垂直度。
4. 能描述套螺纹时使用的工具（圆板牙、板牙架）的结构、用途和使用方法。
5. 能描述套螺纹前圆杆直径的确定方法。
6. 能叙述套螺纹的方法，保证牙型完整。

任务描述

本任务分为两大部分。

任务 1：学生根据图 5-51 所示的技能训练图要求，在项目五任务二图 5-24 所示工件加工完成的基础上完成 M10 内螺纹的加工，该步骤也是完成项目六任务一——锤子加工的工序之一（螺孔的加工）。

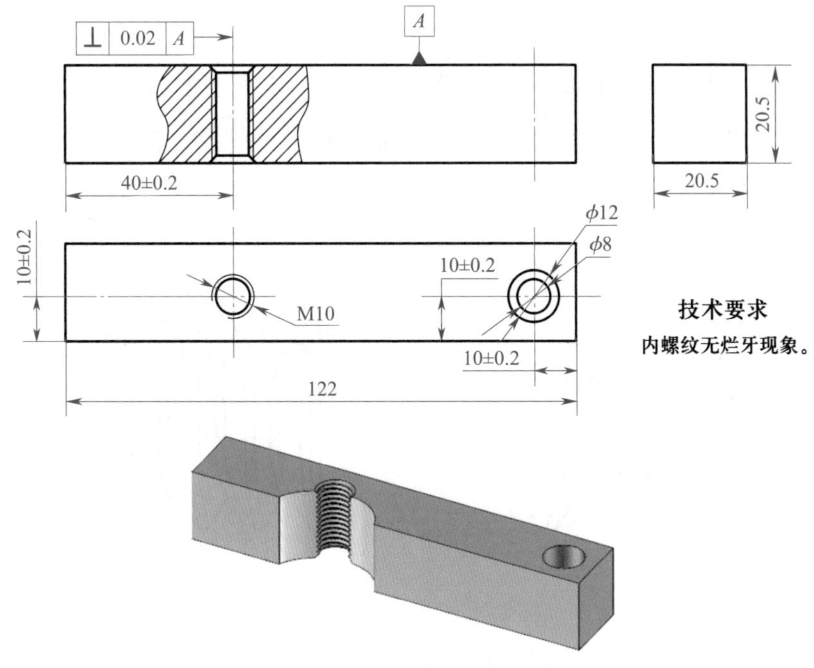

图 5-51　攻螺纹技能训练图

任务 2：学生根据图 5-52 所示的技能训练图要求，在 ϕ12 mm × 250 mm 的圆杆上［一端由车工预先车好 ϕ 9.8 mm ×（20 ± 0.5）mm 的台阶］完成 M10 外螺纹的加工。

通过在图 5-51、图 5-52 所示工件上进行攻螺纹和套螺纹训练，使学生学会正确使用攻螺纹、套螺纹的常用工具进行内、外螺纹的加工，掌握攻螺纹、套螺纹的基本操作技能。

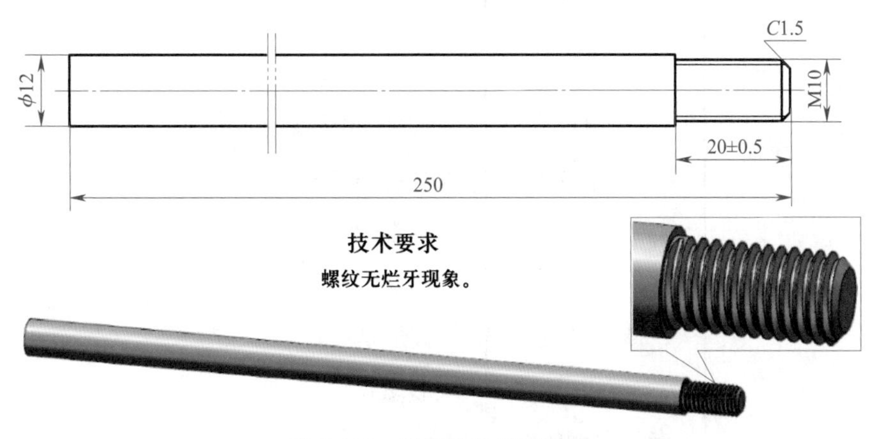

图 5-52　套螺纹技能训练图

相关理论

一、螺纹

1. 螺纹的定义

在圆柱或圆锥表面，沿着螺旋线所形成的具有规定牙型的连续凸起称为螺纹，如图 5-53 所示。在圆柱或圆锥外表面所形成的螺纹称为外螺纹，在圆柱或圆锥内表面所形成的螺纹称为内螺纹。

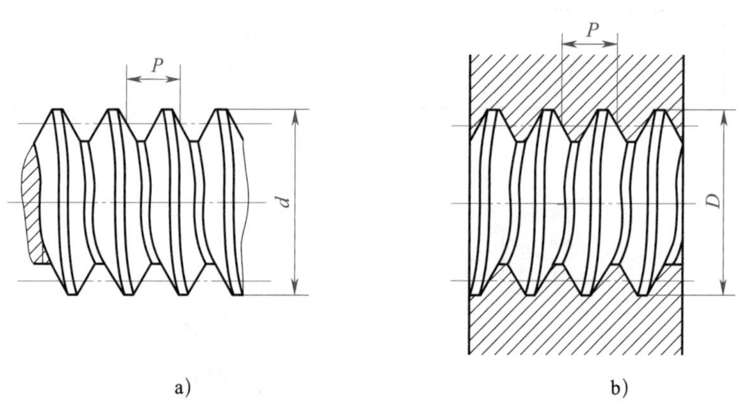

图 5-53　螺纹
a）外螺纹　b）内螺纹

2. 螺纹的种类

钳工加工的多为三角形螺纹。螺纹的种类很多，有标准螺纹、特殊螺纹和非标准螺纹。其中以标准螺纹最常用，它包括以下种类：

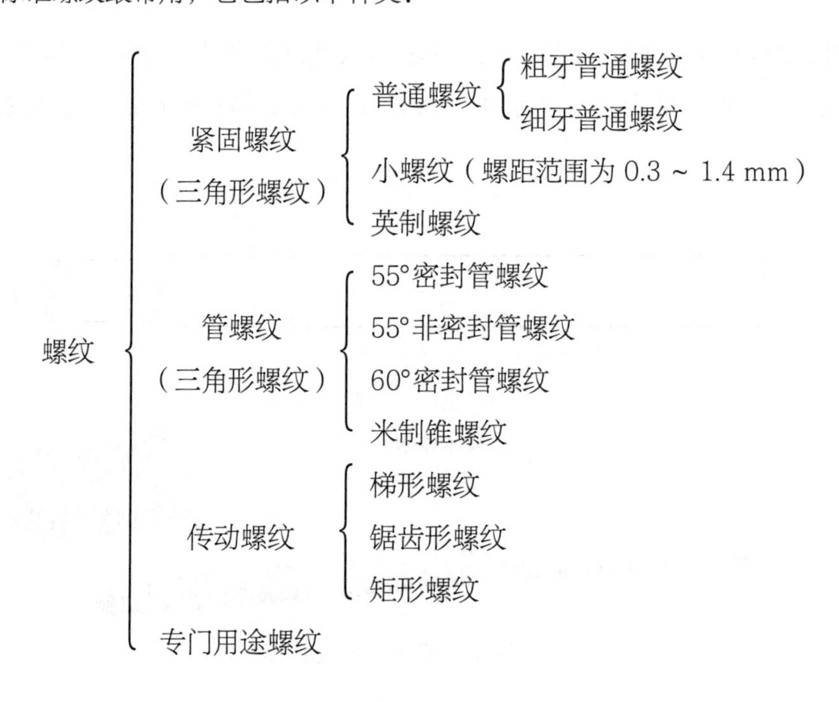

二、攻螺纹

用丝锥在工件孔中切削出内螺纹的加工方法称为攻螺纹。

1. 丝锥

丝锥是加工内螺纹的工具，有机用丝锥和手用丝锥两类。机用丝锥通常用高速钢制成，一般是单独一支，其螺纹公差带分为 H1、H2、H3 三种。手用丝锥用碳素工具钢或合金工具钢制成，一般由两支或三支组成一组，其螺纹公差带为 H4。

丝锥的结构如图 5-54 所示，由工作部分和柄部组成。工作部分又分为切削部分和校准部分。

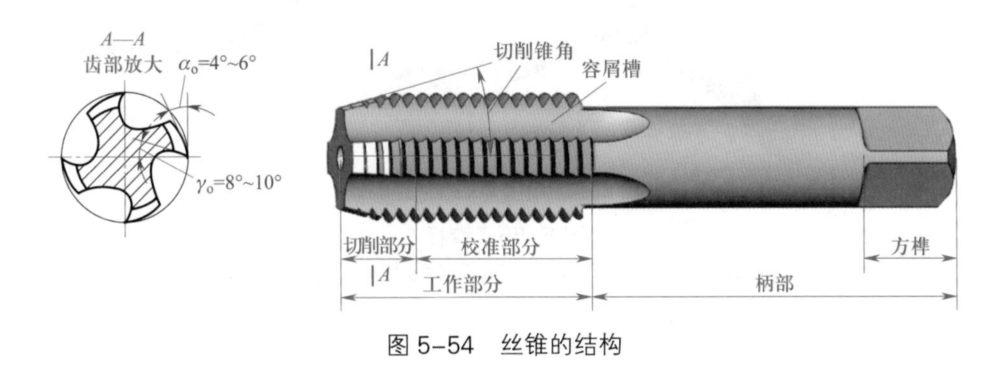

图 5-54 丝锥的结构

丝锥沿轴向开有几条容屑槽，以形成切削部分锋利的切削刃，起主要切削作用。丝锥前端磨出切削锥角，切削负荷分布在几个刀齿上，使切削省力，便于其切入工件。丝锥校准部分有完整的牙型，用来修光及校准已切出的螺纹，并引导丝锥沿轴向前进。

2. 铰杠

铰杠是用来夹持丝锥柄部方榫，带动丝锥旋转进行切削的工具。铰杠有普通铰杠和丁字铰杠两类，各类铰杠又分为固定式和活络式两种，如图 5-55 所示。

三、攻螺纹前底孔直径和深度的确定

1. 攻螺纹前底孔直径的确定

攻螺纹时，丝锥在切削金属的同时，还伴随着较强的挤压作用，因此，金属产生塑性变形形成凸起并挤向牙尖，如图 5-56 所示，使其内螺纹的小径小于底孔直径。

由此可见，攻螺纹前的底孔直径应稍大于内螺纹小径；否则，攻螺纹时因挤压作用，使螺纹牙顶与丝锥牙底之间没有足够的容屑空间，容易将丝锥箍住，甚至将其折断。这种现象在攻塑性较好的材料时更为严重。但是底孔不宜过大；否则，会使螺纹牙型不够完整，强度降低。

攻螺纹前底孔直径的大小要根据工件材料的塑性和钻孔扩张量确定，按经验公式计算得出：

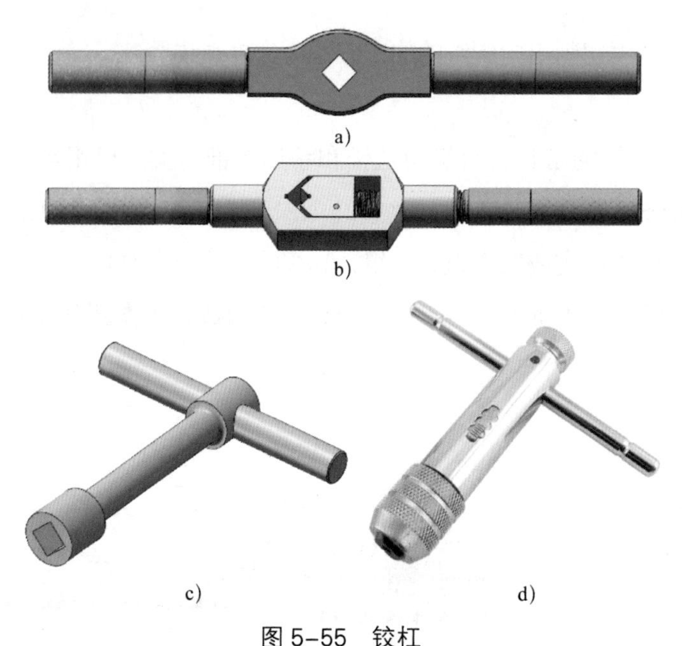

图 5-55　铰杠

a）固定铰杠　b）活络铰杠　c）固定丁字铰杠　d）活络丁字铰杠

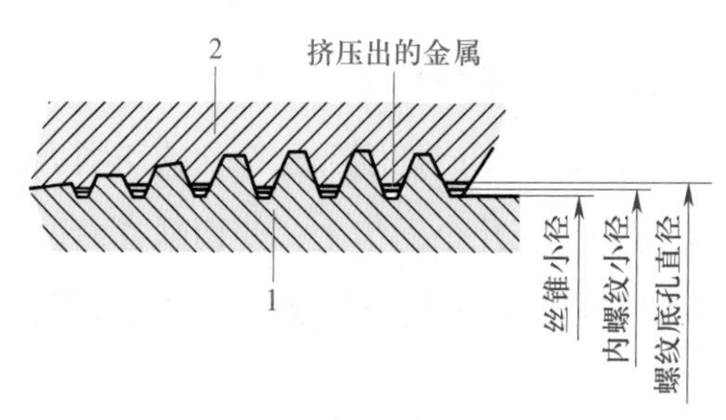

图 5-56　攻螺纹时的挤压现象

1—丝锥　2—工件

（1）在加工钢和塑性较好的材料及扩张量中等的条件下：

$$D_{钻}=D-P$$

式中　$D_{钻}$——钻螺纹底孔用钻头直径，mm；

D——螺纹大径，mm；

P——螺距，mm。

（2）在加工铸铁和塑性较差的材料及扩张量较小的条件下：

$$D_{钻}=D-(1.05\sim1.1)P$$

常用英制螺纹在攻螺纹前，钻底孔的钻头直径也可以从有关手册中查出。

2. 攻螺纹前底孔深度的确定

攻不通孔螺纹时，由于丝锥切削部分有锥角，端部不能切出完整的牙型，因此钻底孔深度要大于螺纹的有效深度，一般按下式计算：

$$H_{钻} \approx h_{有效} + 0.7D$$

式中　$H_{钻}$——底孔深度，mm；

　　$h_{有效}$——螺纹有效深度，mm；

　　D——螺纹大径，mm。

例 5-2　分别计算在钢件和铸铁件上攻 M10 螺纹时的底孔直径。若攻不通孔螺纹，其螺纹有效深度为 50 mm，求底孔深度（$2\varphi=120°$，只计算钢件）。

解： 螺纹公称直径为 10 mm，故其螺距 P 为 1.5 mm。

在钢件上攻螺纹底孔直径：

$$\begin{aligned} D_{钻} &= D-P \\ &= 10\ \text{mm}-1.5\ \text{mm}=8.5\ \text{mm} \end{aligned}$$

在铸铁件上攻螺纹底孔直径：

$$\begin{aligned} D_{钻} &= D-(1.05 \sim 1.1)P \\ &= 10\ \text{mm}-(1.05 \sim 1.1)\times 1.5\ \text{mm} \\ &= 10\ \text{mm}-(1.575\ \text{mm} \sim 1.65\ \text{mm}) \\ &= 8.35 \sim 8.425\ \text{mm} \end{aligned}$$

取 $D_{钻}$=8.4 mm（按钻头直径标准系列取一位小数）。

底孔深度：

$$\begin{aligned} H_{钻} &= h_{有效}+0.7D \\ &= 50\ \text{mm}+0.7\times 10\ \text{mm} \\ &= 57\ \text{mm} \end{aligned}$$

四、攻螺纹的方法

1. 划线，钻底孔。

2. 在螺纹底孔的孔口倒角，通孔螺纹两端都要倒角，倒角处直径可略大于螺孔大径，这样可使丝锥开始切削时容易切入，并可防止孔口被挤压出凸边。

3. 用头锥起攻。起攻时，可用一只手的手掌按住铰杠中部，沿丝锥轴线用力加压，另一只手配合做顺向旋进，如图 5-57a 所示；或两只手握住铰杠两端均匀施加压力，并顺向旋进丝锥，如图 5-57b 所示。应保证丝锥中心线与孔中心线重合，不歪斜。在丝锥攻入 1 ~ 2 圈后，应及时从前后、左右两个方向用刀口形直角尺进行检查，如图 5-57c 所示，并不断校正，使丝锥与工件大平面垂直。

4. 当丝锥的切削部分全部进入工件时，则不需要再施加压力，而靠丝锥做旋进切削。此时，两只手旋转用力要均匀，丝锥要经常正转 1/2 ~ 1 圈后倒转 1/4 ~ 1/2 圈，使切屑碎断后容易排出，避免因切屑堵塞而将丝锥卡住。

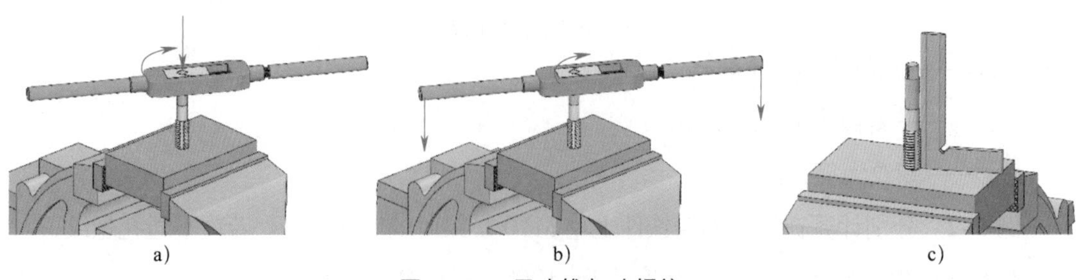

图 5-57　用头锥起攻螺纹

攻螺纹时，必须以头锥、二锥、三锥的顺序攻削至标准尺寸。在较硬的材料上攻螺纹时，可轮换丝锥交替攻下，以减小切削部分负荷，防止丝锥折断。

攻不通孔螺纹时，可在丝锥上做好深度标记，并要经常退出丝锥，清除留在孔内的切屑；否则，会因切屑堵塞而使丝锥折断或达不到深度要求。当工件不便于清屑时，可用弯曲的小管子吹出切屑，或用磁性棒吸出切屑。

在韧性材料上攻螺纹时要加切削液，以减小切削力，减小所加工螺孔的表面粗糙度值，延长丝锥的使用寿命。攻钢件时用机油，螺纹质量要求高时可用工业植物油，攻铸铁件时可用煤油。

五、套螺纹

用圆板牙在圆杆上切削出外螺纹的加工方法称为套螺纹。

1. 圆板牙

圆板牙是加工外螺纹的工具，它用合金工具钢或高速钢制成并经淬火处理。

如图 5-58 所示为圆板牙的结构，由切削部分、校准部分和排屑孔组成。它本身就相当于一个具有很高硬度的螺母，螺孔周围制有几个排屑孔而形成切削刃。圆板牙两端的切削部分都有切削锥，待一端磨损后，可换另一端使用。圆板牙的中间一段是校准部分，也是套螺纹的导向部分。

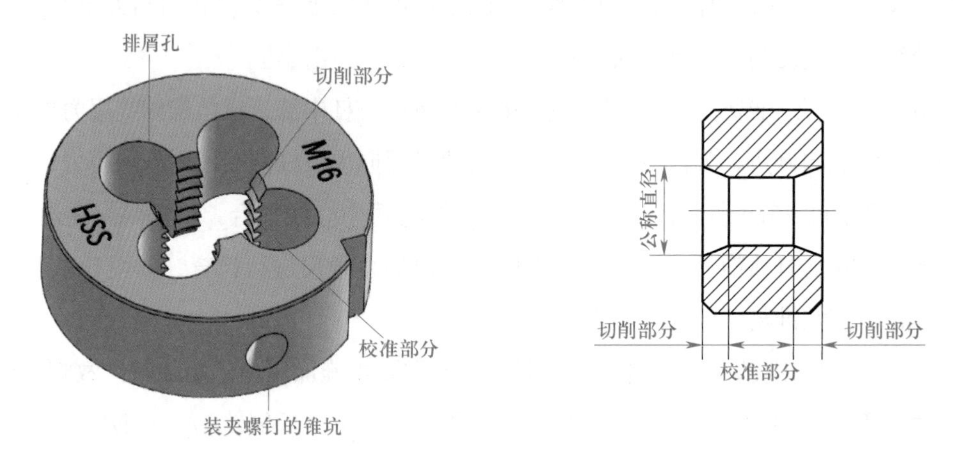

图 5-58　圆板牙的结构

2. 板牙架

板牙架是装夹圆板牙的工具，如图 5-59 所示。圆板牙放入后，将其用螺钉紧固。

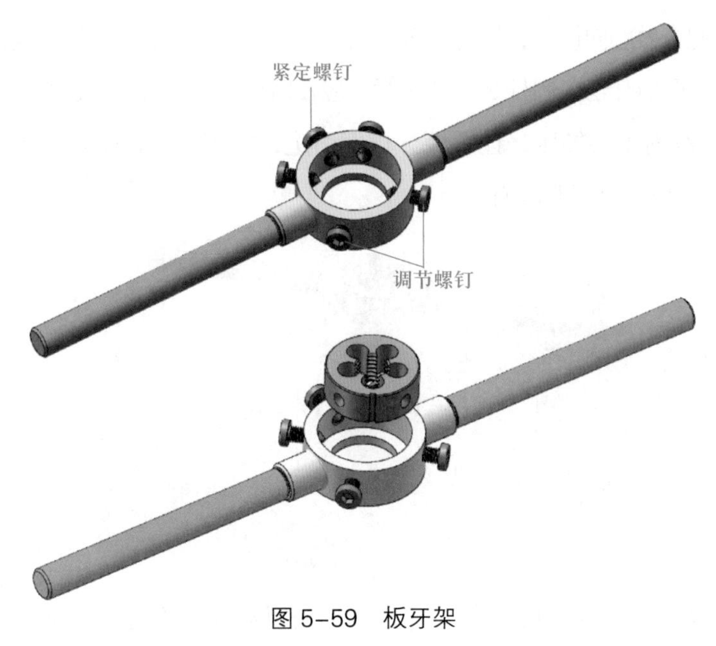

图 5-59　板牙架

六、套螺纹前圆杆直径的确定及端部倒角

套螺纹与用丝锥攻螺纹一样，用圆板牙在工件上套螺纹时，材料同样因受挤压而变形，牙顶将被挤高一些。因此，套螺纹前圆杆直径应稍小于螺纹的大径，一般圆杆直径用下式计算：

$$d_{杆}=d-0.13P$$

式中　$d_{杆}$——套螺纹前圆杆直径，mm；

d——螺纹大径，mm；

P——螺距，mm。

例 5-3　在 45 钢的圆杆上套 M12 的螺纹，试确定圆杆直径。

解：螺纹公称直径为 12 mm，故其螺距 P 为 1.75 mm。

$$\begin{aligned} d_{杆}&=d-0.13P \\ &=12\ \text{mm}-0.13\times1.75\ \text{mm} \\ &\approx 11.77\ \text{mm} \end{aligned}$$

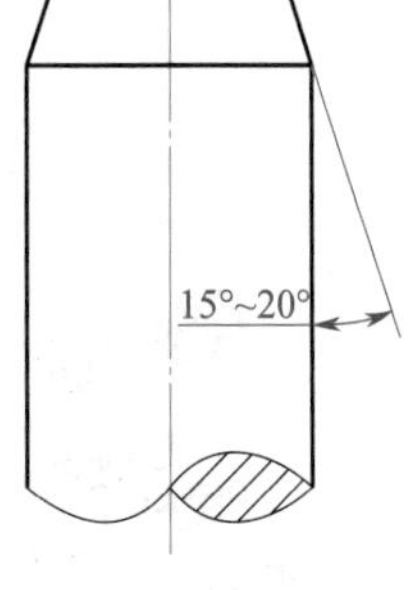

图 5-60　圆杆倒角

为了使圆板牙起套时容易切入工件并做正确引导，圆杆端部要倒角（倒成圆锥半角为 15° ~ 20° 的锥体），如图 5-60 所示。倒角的最小直径可略小于螺纹小径，以免螺纹端部出现锋口和卷边。

七、套螺纹的方法

1. 套螺纹时，切削力矩较大，且工件为圆杆，一般要用 V 形架或厚铜皮作衬垫，才能保证工件夹紧可靠。

2. 起套方法与攻螺纹起攻方法一样，用一只手的手掌按住板牙架中部，沿圆杆轴向施加压力，另一只手配合做顺向切入，转动要慢，压力要大，并保证圆板牙端面与圆杆轴线的垂直度。特别注意，在圆板牙切入圆杆 2 ~ 3 牙时，应及时检查其垂直度并进行校正。

3. 正常套螺纹时不要加压，让圆板牙自然引进，如图 5-61 所示，以免损坏螺纹和圆板牙，同时要经常倒转板牙架以断屑。

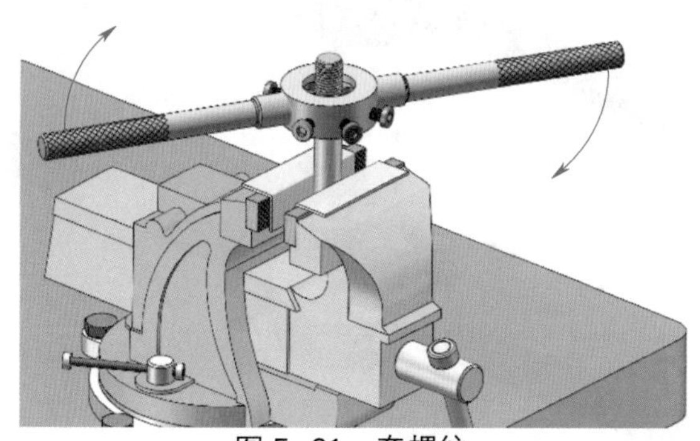

图 5-61　套螺纹

4. 在钢件上套螺纹时要加切削液，一般可以用机油或较浓的乳化液，要求较高时可用工业植物油。

任务实施

一、操作准备

1. 工具和量具：刀口形直角尺、游标卡尺、M10 丝锥、M10 圆板牙、铰杠、板牙架等，如图 5-62 所示。

2. 辅助工具：油壶等，如图 5-62 所示。

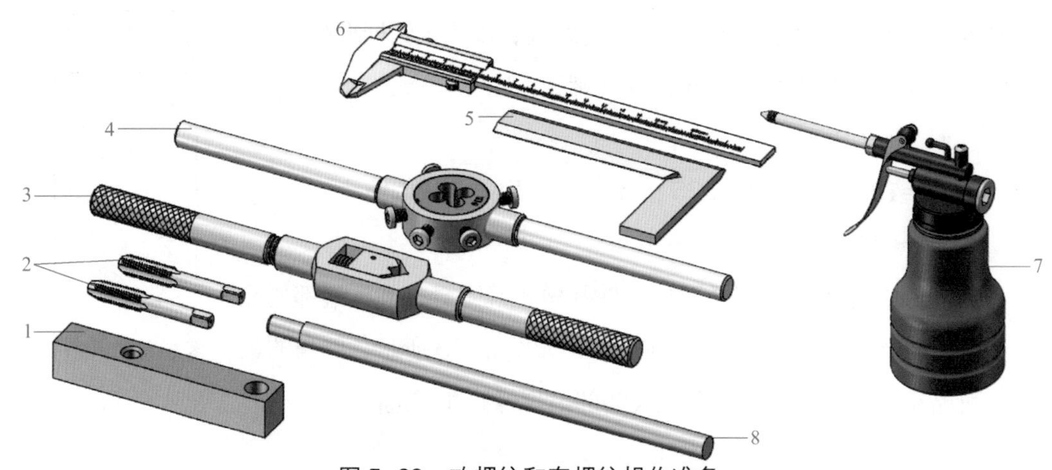

图 5-62　攻螺纹和套螺纹操作准备

1—长方体工件　2—丝锥　3—铰杠　4—板牙架

5—刀口形直角尺　6—游标卡尺　7—油壶　8—圆杆

3. 材料：攻螺纹练习材料是从项目五任务二转来的完成 ϕ8.5 mm 孔加工的长方体；套螺纹练习材料是 ϕ12 mm×250 mm 的圆杆（套螺纹端车削直径为 9.8 mm，台阶长 20 mm），每人一件。

二、操作步骤

1. 攻螺纹

（1）攻螺纹工具的正确安装

在攻螺纹时一般用丝锥和铰杠，丝锥需正确安装在铰杠中，如图 5-63 所示。

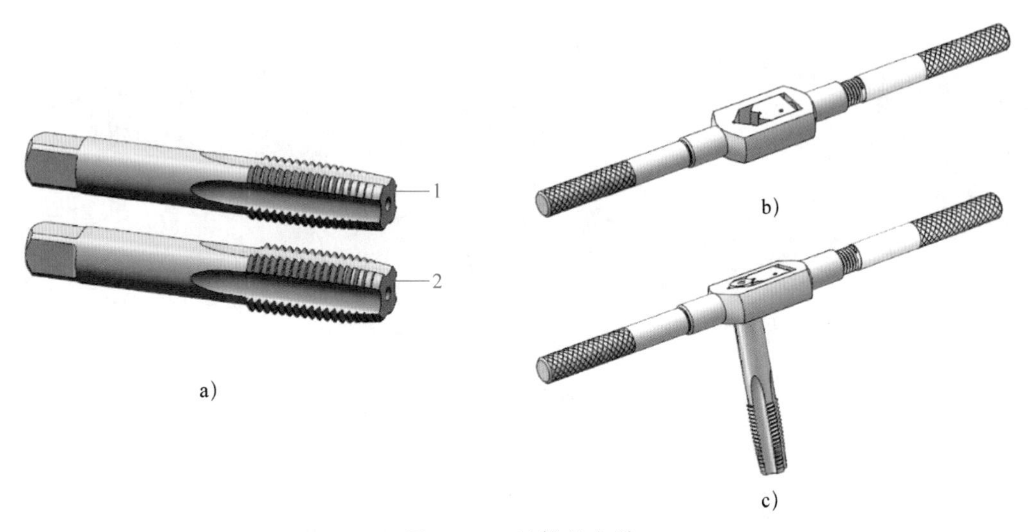

图 5-63　丝锥的安装

a）丝锥　b）铰杠　c）丝锥的安装

1—头攻丝锥　2—二攻丝锥

M10 的丝锥一般做成两支一套，在加工中先用头攻丝锥加工，再用二攻丝锥加工。头攻丝锥与二攻丝锥最大的区别在于丝锥的前端，头攻丝锥的牙浅而二攻丝锥的牙深。

（2）攻螺纹操作步骤

在用头攻丝锥起攻时，如图 5-64 所示，可用一只手的手掌按住铰杠中部，沿丝锥轴线用力加压，另一只手配合做顺向旋进；或两只手握住铰杠两端均匀施加压力，并使丝锥顺向旋进。为保证丝锥轴线与孔中心线重合而不歪斜，在丝锥攻入 1 ~ 2 圈后，应及时从前后、左右两个方向用刀口形直角尺检查垂直度，并不断校正至要求。

头攻完成后，退出头攻丝锥，改用二攻丝锥进行切削，在切削时要先用手旋入丝锥至其不能再旋进时，再用铰杠旋进丝锥，以免损坏螺纹及防止乱牙。正常攻螺纹时，要经常倒转 1/4 ~ 1/2 圈，使切屑碎断后容易排出，如图 5-65 所示。退出丝锥时，也要避免快速转动铰杠，最好用手将其旋出，以保证已攻好的螺纹质量不受影响。

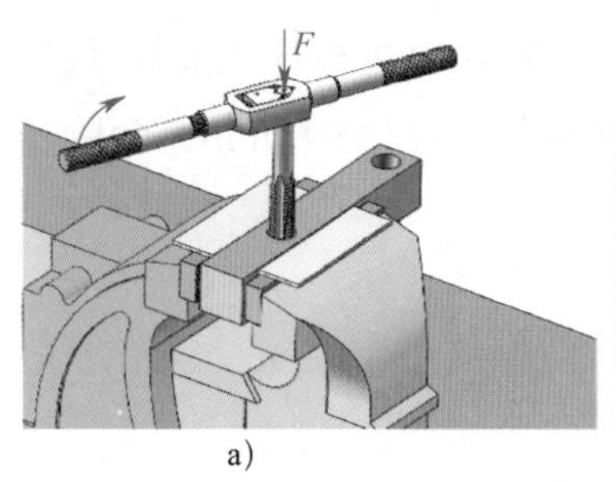

a）

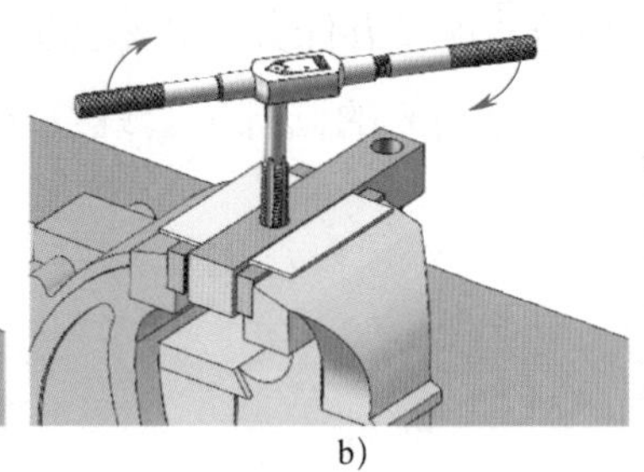

b）

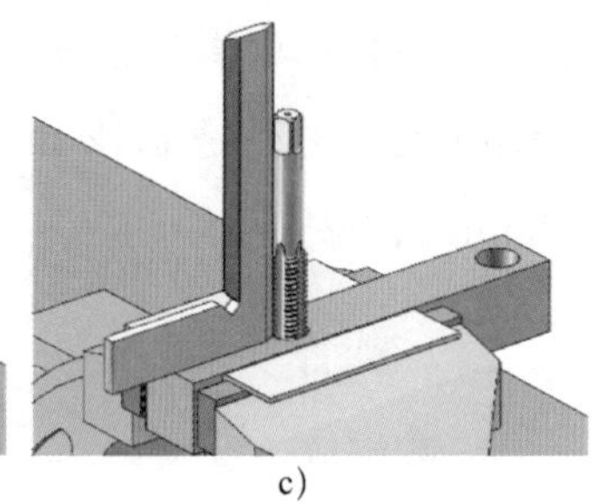

c）

图 5-64　起攻螺纹的方法

a）、b）起攻方法　c）检查垂直度

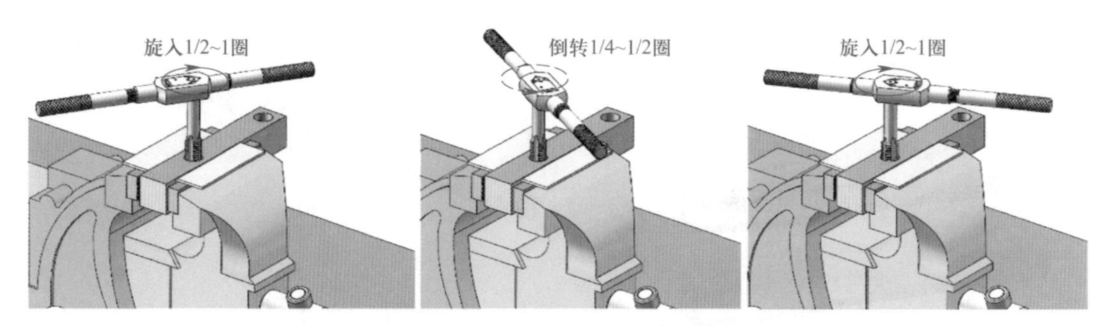

图 5-65　正常攻螺纹的方法

最终加工出如图 5-66 所示的 M10 内螺纹，完成加工。

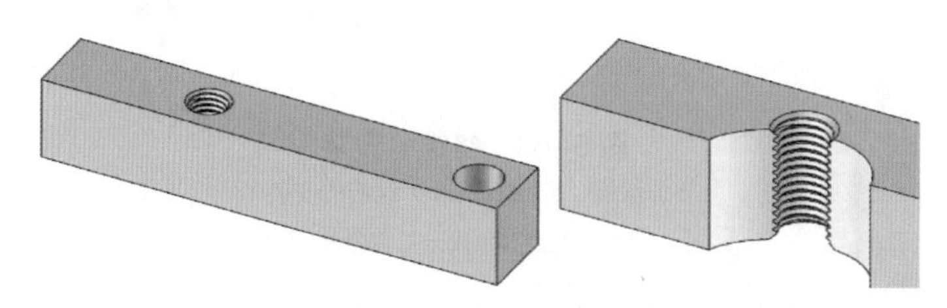

图 5-66　M10 内螺纹

2. 套螺纹

（1）为了使圆板牙起套时容易切入工件并做正确引导，圆杆端部要倒角（倒成圆锥半角为 15° ~ 20° 的锥体），倒角的最小直径可略小于螺纹小径，以免螺纹端部出现峰口和卷边。

（2）按图 5-67a 所示进行套螺纹操作。

（3）正常套螺纹时不要加压，让圆板牙自然引进，以免损坏螺纹和圆板牙，一般套入一圈后需回转 1/2 圈以断屑，如图 5-67b 所示。

这样利用圆板牙和板牙架就可以加工出图 5-68a 所示的外螺纹，并可试着把外螺纹旋入刚才加工完成的内螺纹中，如图 5-68b 所示，如果可比较轻松地旋入，表明内、外螺纹的加工质量较好。

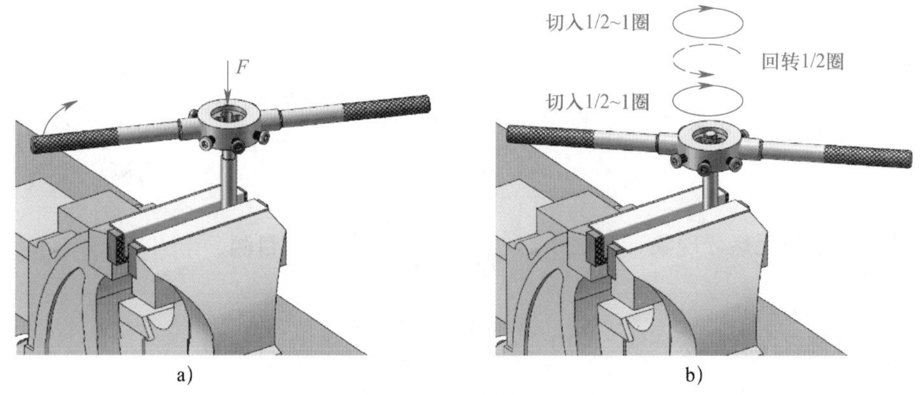

图 5-67　套螺纹加工方法

a）起套方法　b）正常套螺纹方法

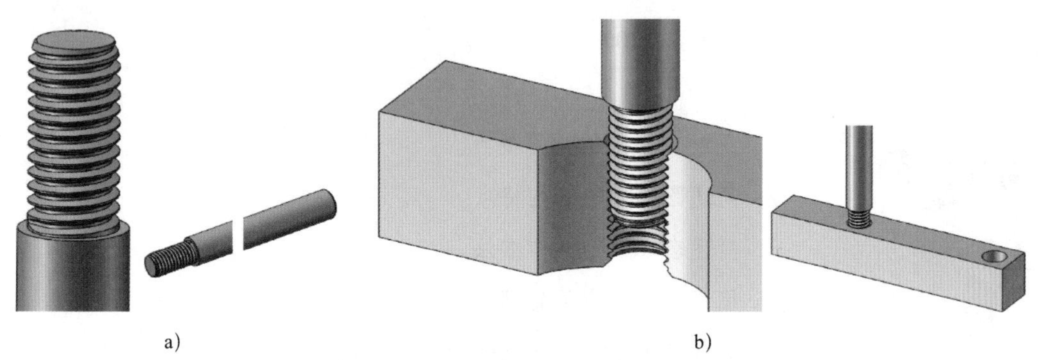

图 5-68　外螺纹与内螺纹的配合

a）M10 外螺纹　b）旋入后的内、外螺纹

三、操作提示

起攻、起套的正确性以及攻螺纹和套螺纹时能两只手用力均匀并掌握好用力程度，是攻螺纹和套螺纹的基本功之一，必须用心掌握。

评价反馈

攻螺纹和套螺纹训练成绩评定见表 5-7。

表 5-7　攻螺纹和套螺纹训练成绩评定

序号	项目与技术要求	配分	评分标准	检测方法或工具	检测结果		得分
					学生自测	教师检测	
1	攻螺纹操作姿势正确，动作规范	30	不符合要求酌情扣分	目测			
2	套螺纹操作姿势正确，动作规范	30	不符合要求酌情扣分	目测			

续表

序号	项目与技术要求	配分	评分标准	检测方法或工具	检测结果		得分
					学生自测	教师检测	
3	内、外螺纹无烂牙现象	20	不符合要求酌情扣分	目测			
4	内、外螺纹配合松紧一致	10	总体评定，酌情扣分	配合检测			
5	内、外螺纹配合后垂直度误差小于或等于 0.02 mm	10	超差不得分	直角尺			
合计		100					

1. 简述攻螺纹的操作要点。

2. 简述圆板牙的结构特点。

3. 简述套螺纹的操作方法。

4. 用计算法确定下列螺纹在攻螺纹前钻底孔的钻头直径：

（1）在钢件上攻 M16 的螺纹。

（2）在铸铁件上攻 M16 的螺纹。

5. 需在钢件上套 M8、M10、M12 的螺纹，试确定圆杆直径。

6. 试计算在钢件上攻 M18 螺纹时的底孔直径。若攻不通孔螺纹，其螺纹有效深度为 45 mm，求底孔深度。

项目六 综合加工

任务一 錾口锤子加工

学习目标

1. 巩固及提高锉削技能，达到锉削表面纹理齐整、光洁的要求。
2. 能叙述内、外圆弧面的加工方法，保证所加工圆弧面连接圆滑，位置和尺寸正确。
3. 能在教师指导下合理安排錾口锤子的加工步骤并能选用合适的工具和量具。
4. 做到安全文明生产。

任务描述

综合前面已学过的划线、锯削、锉削、孔加工等基本操作技能，通过锤子的加工初步体验钳工制作产品的完整过程，进一步提高学生学习钳工的兴趣。

本任务是在划线（项目二任务二）、锯削（项目三任务二）、锉削（项目四任务三）、孔加工（项目五任务一、任务二、任务三）的基础上，完成锤子（见图 6-1）加工的全部工作。

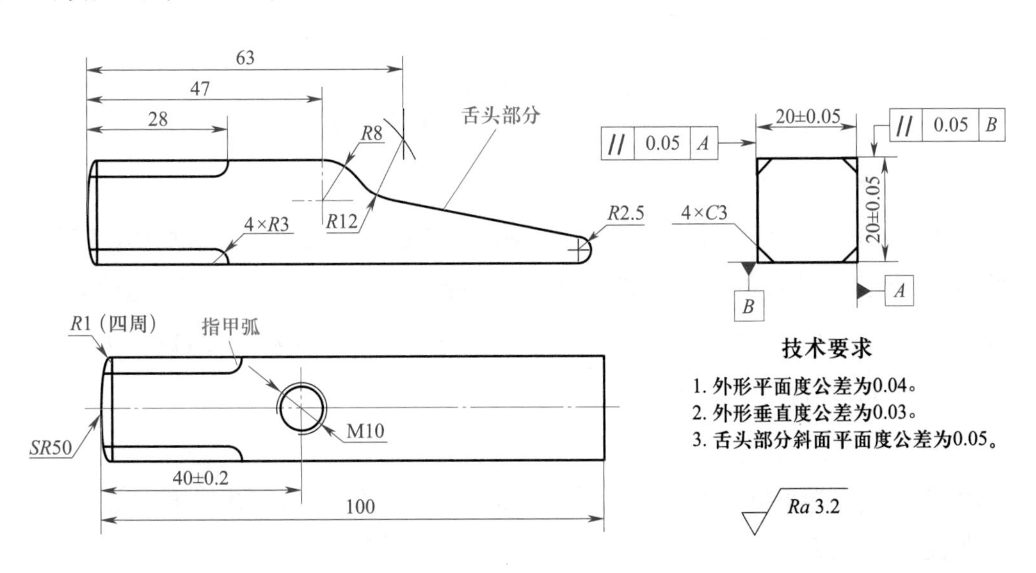

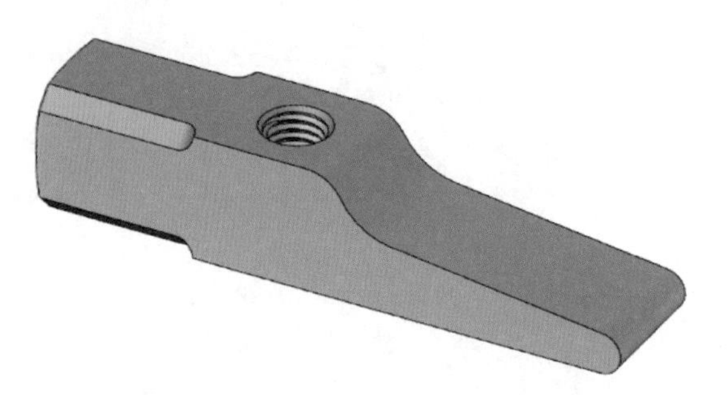

图 6-1　锤子加工技能训练图

相关理论

一、曲面锉削

常见的曲面锉削是单一的外圆弧面、内圆弧面和球面的锉削。

1. 外圆弧面锉削方法

当余量不大或对外圆弧面进行修整时，一般用锉刀顺着圆弧面锉削，如图 6-2a 所示，在锉刀做前进运动时，还应绕工件圆弧的中心做摆动。当锉削余量较大时，可采用横对着圆弧面锉削的方法，如图 6-2b 所示，先按圆弧面要求锉成多棱形，然后再顺着圆弧面锉削，最后精锉成圆弧。

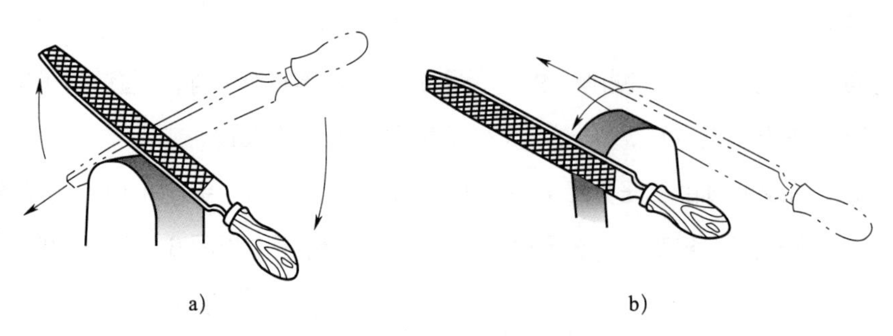

图 6-2　外圆弧面锉削
a）顺着圆弧面锉削　b）横对着圆弧面锉削

2. 内圆弧面锉削方法

如图 6-3a 所示，锉削内圆弧面时，锉刀要同时完成三个运动：前进运动、向左或向右的移动、绕锉刀中心线的转动（按顺时针或逆时针方向转动约 90°）。三个运动须同时进行才能锉好内圆弧面；否则，不能锉出合格的内圆弧面。也可以采用推锉的方法，锉刀横对着圆弧面前进并绕锉刀中心线转动，如图 6-3b 所示。

3. 球面锉削方法

推锉时，锉刀绕球面中心线摆动，同时做弧形运动，其运动包括锉刀的前进、转动和摆动，如图 6-4 所示。

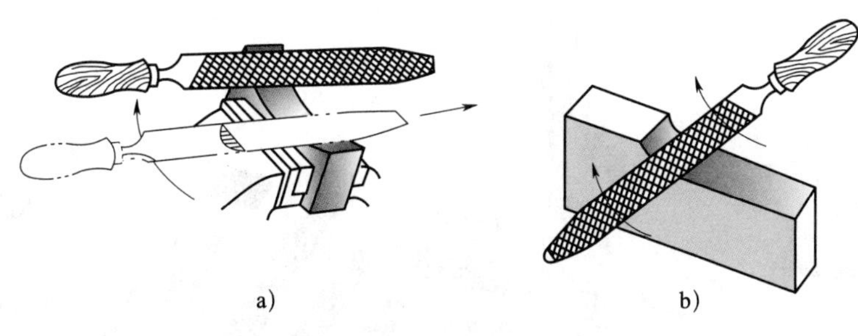

图 6-3 内圆弧面锉削
a）锉削内圆弧面的运动 b）推锉内圆弧面

二、曲面锉削质量检测

对于锉削加工后的内、外圆弧面，可采用半径样板检查曲面的轮廓度，半径样板通常包括凸面样板和凹面样板两类，如图 6-5 所示。半径样板左端的凸面样板用于检查内圆弧面，其右端的凹面样板用于检查外圆弧面，注意要在整个圆弧面上进行检查后做出综合评定，如图 6-6 所示。

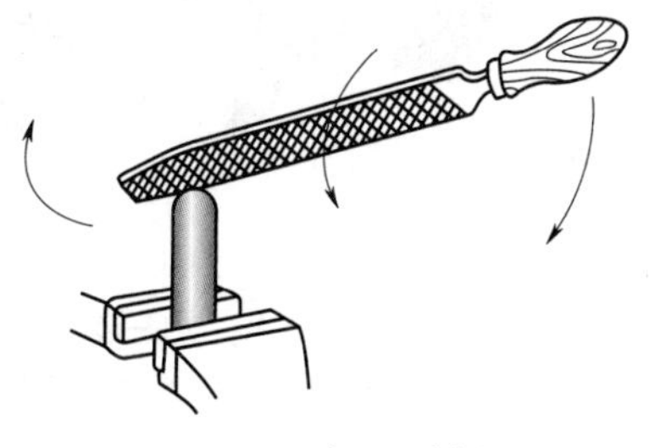

图 6-4 球面的锉削

图 6-5 半径样板

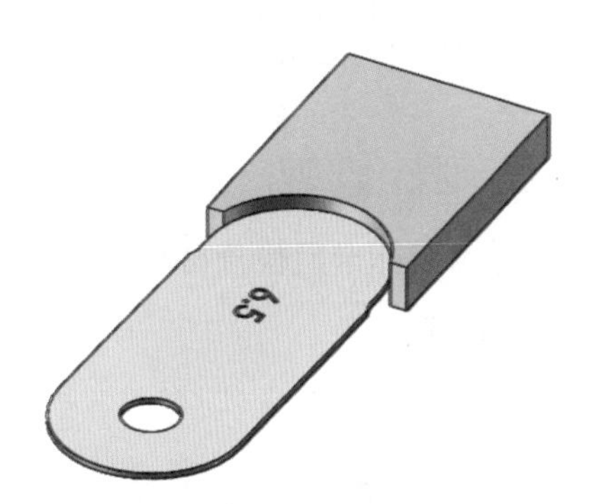

图 6-6 用半径样板检查曲面的轮廓度

任务实施

一、操作准备

1. 工具和量具：各种尺寸规格的锉刀（包括 250 mm 粗扁锉、200 mm 细扁锉、150 mm 细扁锉、150 mm 粗齿半圆锉、150 mm 细齿半圆锉、6 mm 粗齿圆锉、6 mm 细齿圆锉等）、游标卡尺、游标高度卡尺、千分尺（测量范围为 0 ~ 25 mm、25 ~ 50 mm、50 ~ 75 mm）、刀口形直角尺、钢直尺、半径样板、划针、样冲、手锯、锯条、锤子等，如图 6-7 所示。

2. 辅助工具：软钳口衬垫、毛刷、砂布等。

3. 材料：从项目五任务三转来的完成 M10 内螺纹加工的长方体，每人一块。

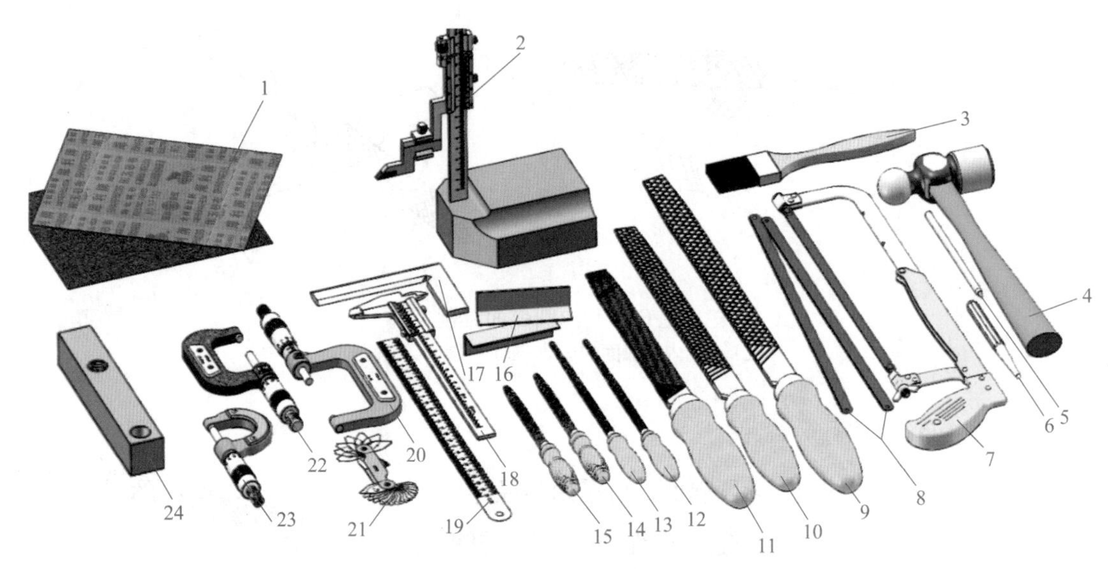

图 6-7　锤子加工操作准备

1—砂布　2—游标高度卡尺　3—毛刷　4—锤子　5—划针
6—样冲　7—手锯　8—锯条　9—250 mm 粗扁锉　10—200 mm 细扁锉
11—150 mm 细扁锉　12—150 mm 粗齿半圆锉　13—150 mm 细齿半圆锉
14—6 mm 粗齿圆锉　15—6 mm 细齿圆锉　16—软钳口衬垫　17—刀口形直角尺
18—游标卡尺　19—钢直尺　20、22、23—千分尺　21—半径样板　24—工件

二、操作步骤

1. 用游标卡尺检查材料尺寸（20.5 ± 0.05）mm ×（20.5 ± 0.05）mm × 122 mm，如图 6-8 所示。

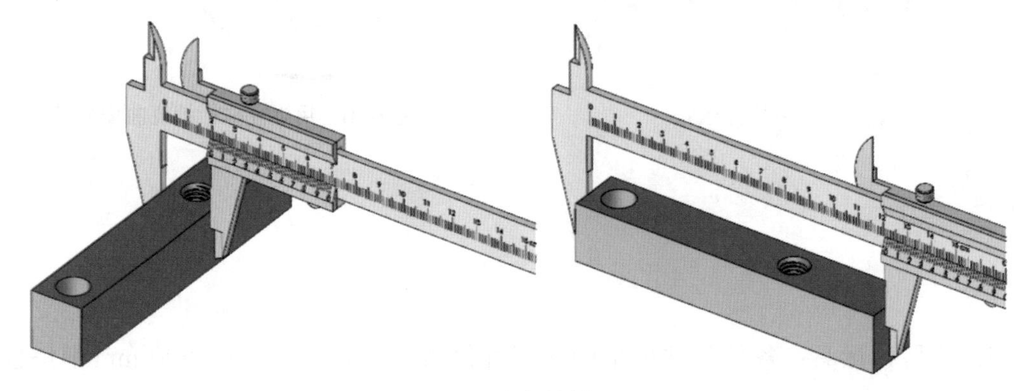

图 6-8　检查材料尺寸

2. 用游标高度卡尺在材料上划出 20 mm × 20 mm × 100 mm 的长方体外形线，如图 6-9 所示。

3. 将长方体上有 ϕ8 mm 和 ϕ12 mm 台阶孔的一端锯掉，如图 6-10 所示。

4. 垫上软钳口衬垫，将工件装夹在台虎钳上，按图样要求精加工长方体外形。如图 6-11 所示，要求外形平面度误差不大于 0.04 mm，尺寸精度为（20 ± 0.05）mm ×

(20±0.05) mm×100 mm，平行度误差不大于 0.05 mm，垂直度误差不大于 0.03 mm。分别用游标卡尺和刀口形直角尺检查。

图 6-9　长方体外形线

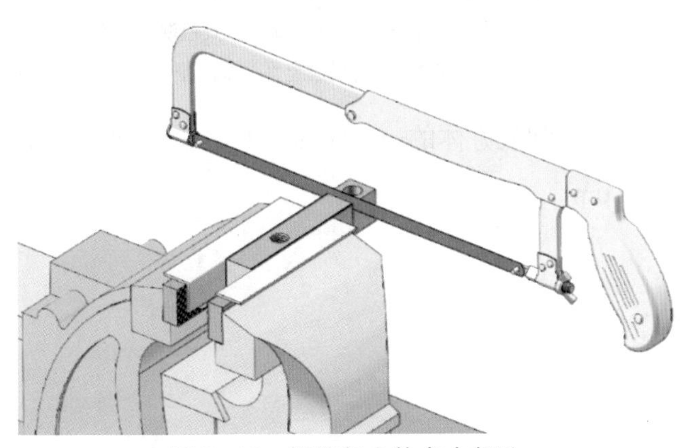

图 6-10　锯掉长方体多余部分

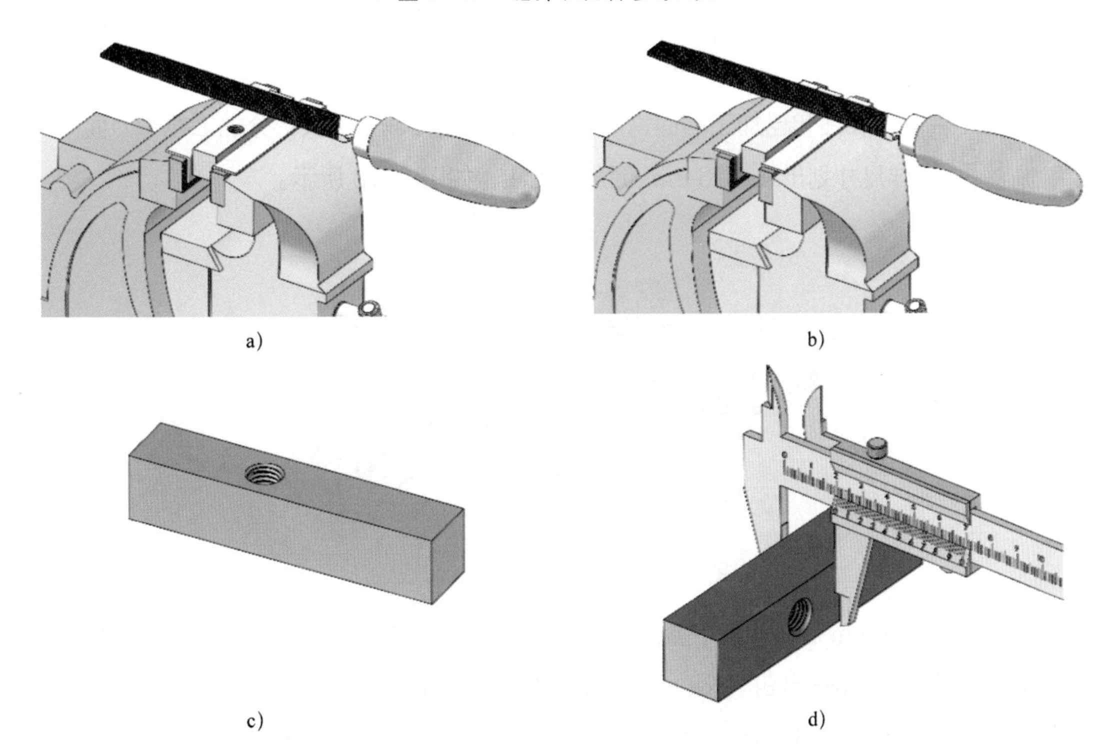

a)　b)　c)　d)

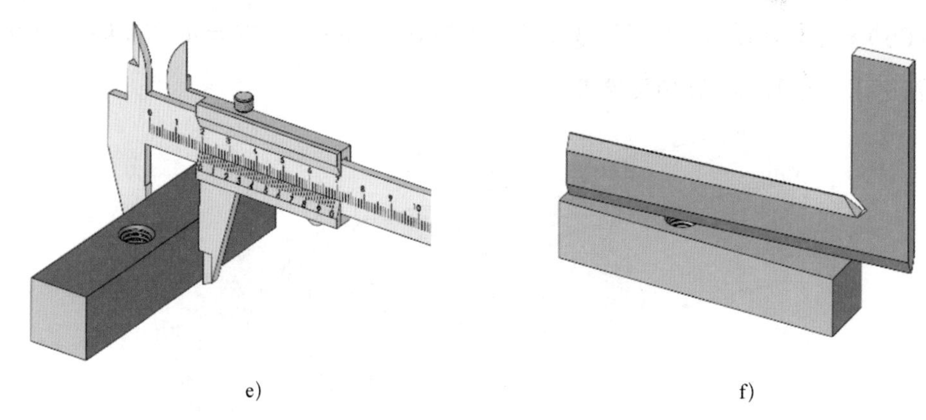

e)　　　　f)

图 6-11　精加工长方体外形

a）精锉，保证一个方向尺寸　b）精锉，保证另一个方向尺寸　c）精锉完成

d）用游标卡尺检测一个方向平行度　e）用游标卡尺检测另一个方向平行度

f）用刀口形直角尺检查平面度误差

5. 以一个长面为基准锉削长方体的一个端面，如图 6-12 所示，达到基本垂直，表面粗糙度 *Ra* 值不大于 3.2 μm。

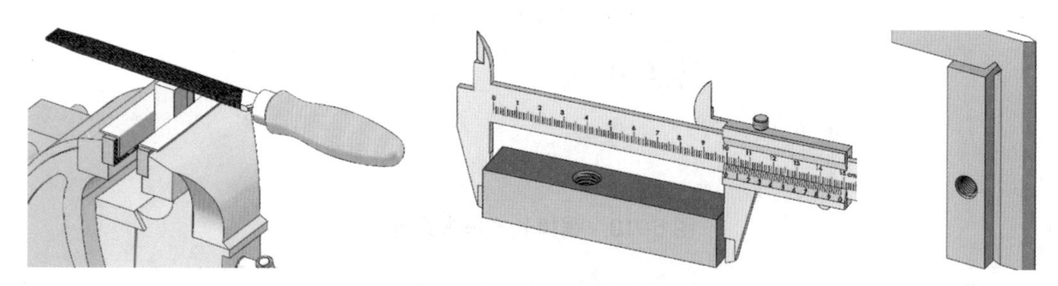

图 6-12　锉削长方体的端面

6. 以工件一个长面和已加工端面为基准，用划针划出锤子舌头部分加工线（两面同时划出），并按图样尺寸划出 4×*C*3 mm 倒角加工线，如图 6-13 所示。

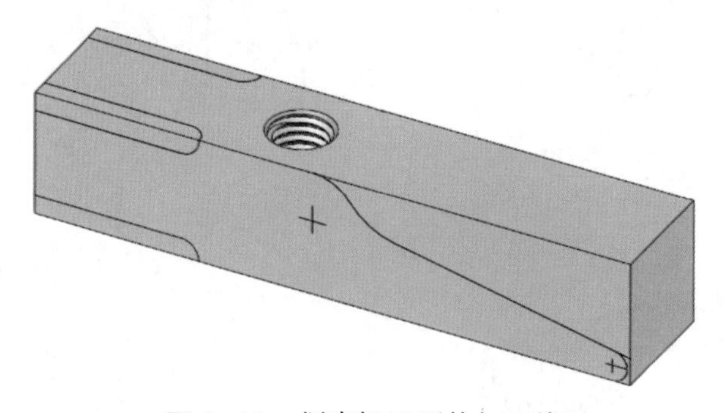

图 6-13　划出锤子形体加工线

7. 锉削 4×*C*3 mm 倒角和指甲弧并使其达到相关要求，如图 6-14 所示。锉削方法如下：先用 6 mm 粗齿圆锉粗锉出四个 *R*3 mm 圆弧（见图 6-14a）；再分别用 250 mm 粗扁锉粗锉四个 *C*3 mm 倒角（见图 6-14b），用 6 mm 细齿圆锉精锉四个 *R*3 mm 圆弧（见图 6-14c）；

然后用 200 mm 细扁锉和 150 mm 细扁锉推锉四个 $C3$ mm 倒角，达到四个指甲弧粗细均匀、对称的要求（见图 6-14d）；最后用砂布抛光。锉削完成后的工件如图 6-14e 所示。

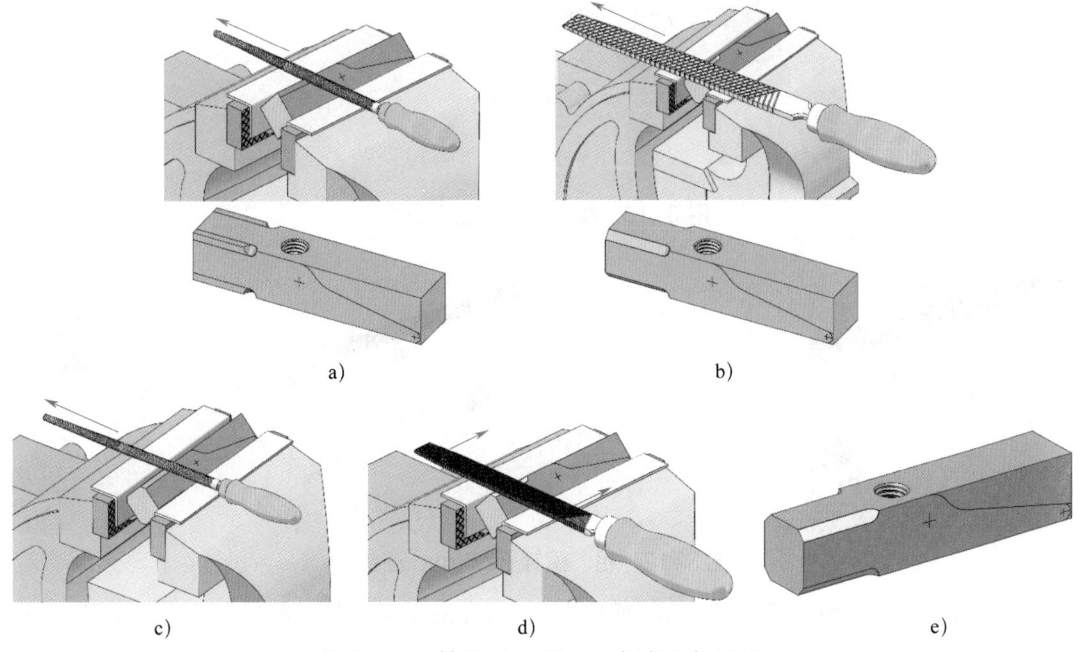

图 6-14　锉削 4×$C3$ mm 倒角和指甲弧

8. 用手锯按所划加工线锯削舌头多余部分并留足锉削余量，如图 6-15 所示。

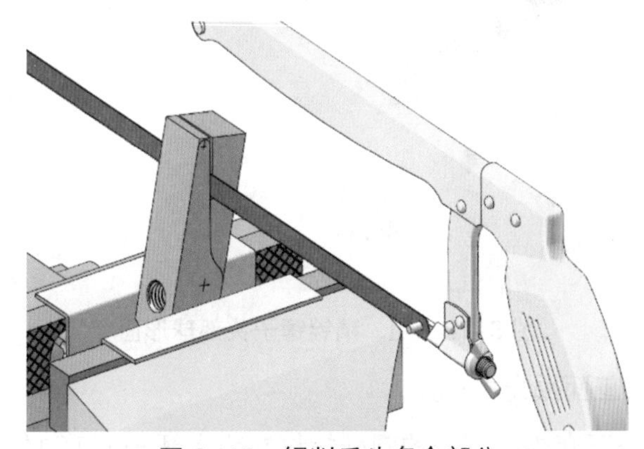

图 6-15　锯削舌头多余部分

9. 垫上软钳口衬垫，将工件装夹在台虎钳上，先用 150 mm 粗齿半圆锉粗锉 $R12$ mm 内圆弧面，用 250 mm 粗扁锉粗锉斜面与 $R8$ mm 圆弧面至所划线条；再用 200 mm 细扁锉半精锉斜面，用 150 mm 细齿半圆锉半精锉 $R12$ mm 内圆弧面，用 200 mm 细扁锉半精锉 $R8$ mm 外圆弧面；最后用 150 mm 细扁锉和 150 mm 细齿半圆锉推锉修整舌头部分，达到各面连接圆滑、光洁、纹理齐整的要求，如图 6-16 所示。

10. 将工件竖直装夹在台虎钳上，先用 250 mm 粗扁锉粗锉圆头至所划线条，再用 150 mm 细扁锉锉 $R2.5$ mm 的圆头，并保证工件总长为 100 mm，如图 6-17 所示。

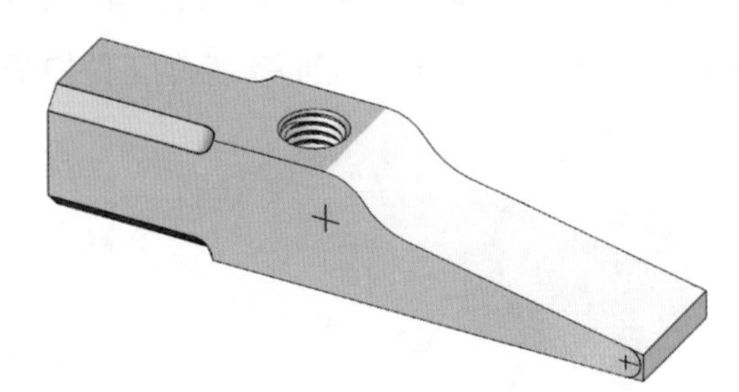

图 6-16　粗、精加工舌头部分

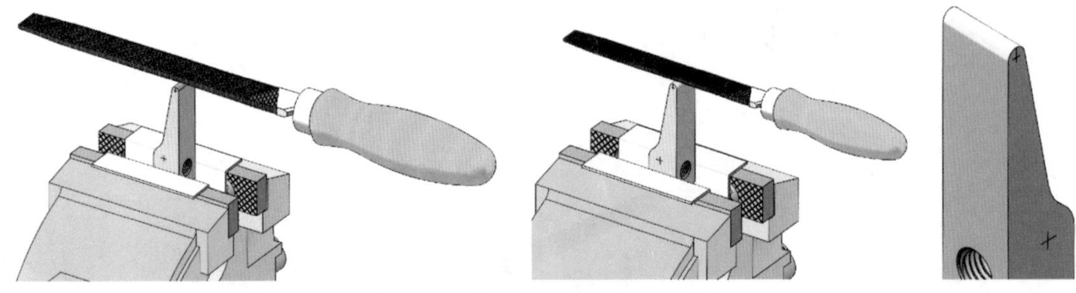

图 6-17　粗、精锉 $R2.5$ mm 圆头

11. 用 250 mm 粗扁锉、200 mm 细扁锉、150 mm 细扁锉粗、精锉锤子头部 $SR50$ mm 的球形面，周边倒圆角 $R1$ mm，如图 6-18 所示。

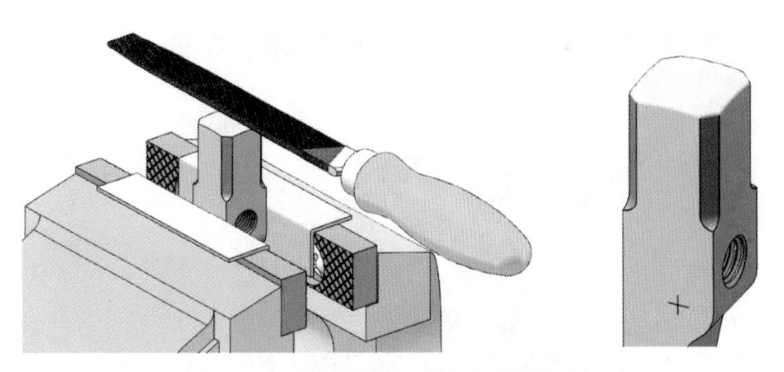

图 6-18　粗、精锉锤子头部球形面

12. 用砂布将各加工面抛光，检验。

13. 将项目五任务三套螺纹练习的圆杆螺纹端旋入锤子 M10 的螺孔中作为锤柄，如图 6-19 所示。

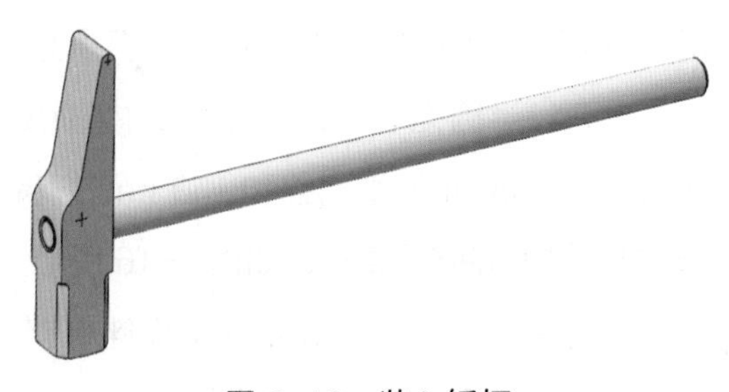

图 6-19　装入锤柄

三、操作提示

1. 采用横向锉法加工四角 $R3$ mm 内圆弧时一定要锉准、锉光，这样才能使后面的推光操作容易进行，且圆弧尖角处不易塌角。

2. 在加工 $R12$ mm 的内圆弧和 $R8$ mm 的外圆弧时，横向推锉必须平直，并与侧平面垂直，这样才能使弧形面连接正确，外形美观。

评价反馈

錾口锤子加工训练成绩评定见表 6-1。

表 6-1 錾口锤子加工训练成绩评定

序号	项目与技术要求	配分	评分标准	检测方法或工具	检测结果		得分
					学生自测	教师检测	
1	(20 ± 0.05) mm(2 处)	4 × 2	超差不得分	游标卡尺			
2	// 0.05 B	3	超差不得分	刀口形直角尺			
3	// 0.05 A	3	超差不得分	刀口形直角尺			
4	外形垂直度公差 0.03 mm(4 处)	3 × 4	超差不得分	刀口形直角尺			
5	$C3$ mm(4 处)	3 × 4	超差不得分	游标卡尺			
6	$R3$ mm 内圆弧连接圆滑，无尖端塌角(4 处)	3 × 4	不符合要求酌情扣分	目测			
7	$R12$ mm 与 $R8$ mm 圆弧面连接圆滑	12	不符合要求酌情扣分	目测			
8	舌头部分斜面平面度公差 0.05 mm	8	超差不得分	刀口形直角尺			
9	外形平面度公差 0.04 mm(4 处)	3 × 4	超差不得分	刀口形直角尺			
10	$R2.5$ mm 圆弧面圆滑	2	不符合要求酌情扣分	目测			
11	棱线清楚，倒角均匀	4	不符合要求酌情扣分	目测			
12	表面光滑，纹理整齐	4	不符合要求酌情扣分	目测			
13	安全文明生产	8	不符合要求每次扣 2 分				
合计		100					

1. 锉削外圆弧面有哪两种方法？分别用于什么场合？
2. 怎样加工好锤子的指甲弧部位？

任务二　定位键加工

学习目标

1. 能描述对称度公差的概念。
2. 能进行具有对称度要求工件的相关间接尺寸的换算。
3. 能描述定位键的加工工艺并按工艺要求进行加工。

任务描述

本任务是在划线、锯削（项目三任务一）、锉削（项目四任务二）、钻孔（项目五任务一中任务 2）的基础上，完成图 6-20 所示定位键的加工。

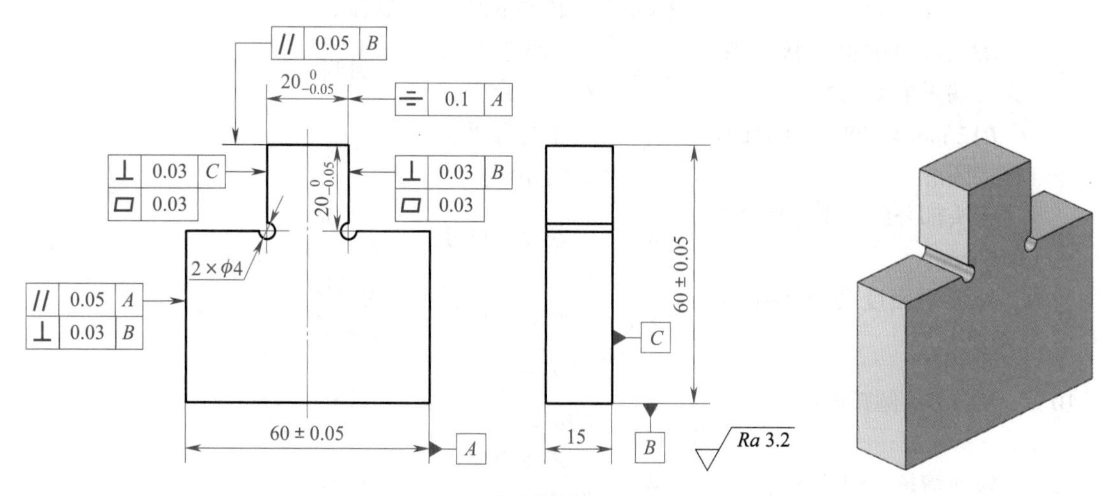

图 6-20　定位键加工技能训练图

通过进行定位键加工训练，掌握具有对称度要求工件的相关间接尺寸的换算及测量方法，从而进一步提高按图划线加工工件的能力及锉削、锯削等基本操作技能。

相关理论

一、对称度的概念

1. 对称度误差

几何误差是指被测要素相对于基准要素位置的变动量。如图 6-21 所示，A 为右侧长方体的水平对称平面相对于左侧长方体的水平对称平面的对称度误差。

2. 对称度公差带

对称度公差带是指距离为公差值 t 且相对于基准中心平面对称配置的两个平行平面之间的区域，如图 6-22 所示。

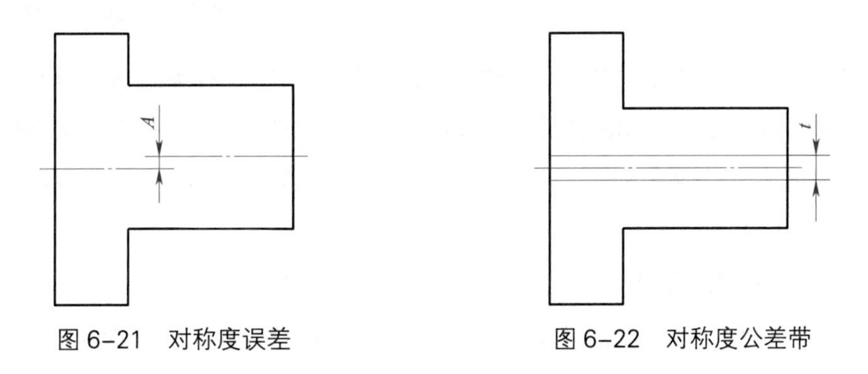

图 6-21　对称度误差　　图 6-22　对称度公差带

二、百分表

利用机械传动系统，将测杆的直线位移转变为指针在圆表盘上的角位移，并在圆表盘上进行读数的测量器具称为指示表。其中，分度值为 0.1 mm 的称为十分表，分度值为 0.01 mm 的称为百分表，分度值为 0.001 mm、0.002 mm 的称为千分表，钳工常用的是分度值为 0.01 mm 的百分表。

百分表主要用来测量工件的尺寸和几何误差，也可用于检验机床的几何精度或在装夹工件时检测工件的位置偏差等。

1. 百分表的结构

百分表的结构如图 6-23 所示，它主要由测杆、挡帽、测头、表圈、圆表盘、指针、转数指示盘、转数指针等组成。

2. 百分表的标记原理与示值读取方法

百分表通过机械传动机构将测杆的轴向移动转变为指针的旋转运动和转数指针的转动。百分表的测杆轴向移动 1 mm，通过机械传动机构使指针旋转一周，转数指针转动一格。当测杆轴向移动 0.01 mm 时，指针转动一格（1/100 圈）。

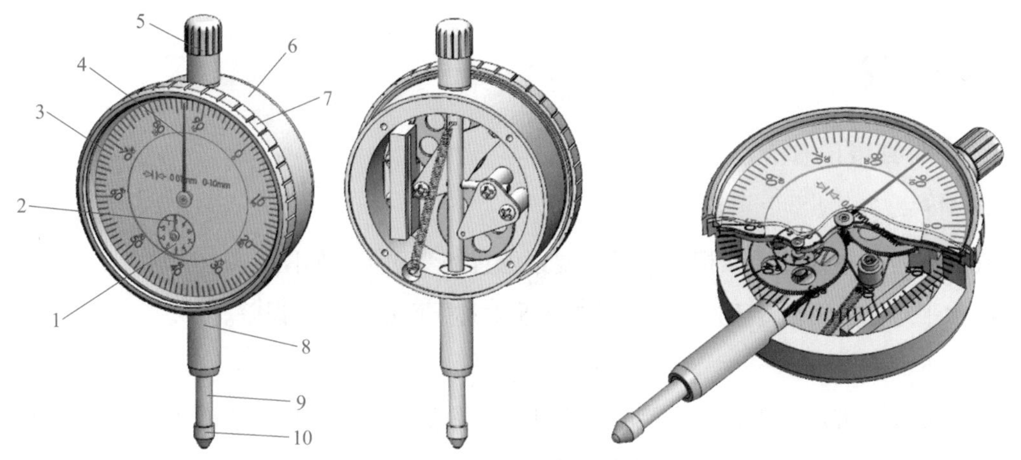

图 6-23　百分表的结构

1—转数指示盘　2—转数指针　3—圆表盘　4—指针　5—挡帽　6—表体　7—表圈　8—轴套　9—测杆　10—测头

用百分表测量尺寸时，指针和转数指针的位置都在变化，指针转一圈，转数指针转一格（1 mm），所以毫米整数的示值从转数指针转过的格数读取，毫米小数的示值从指针的指示位置读取，当指针停在两条刻线之间时，应进行估读，读取第三位小数，即微米（μm）。

3. 百分表的测量范围和精度

钳工常用百分表的测量范围一般有 0 ~ 3 mm、0 ~ 5 mm 和 0 ~ 10 mm 等几种规格，使用时测杆的移动不能超过其上限值，也不允许用百分表测量过于粗糙的工件，通常可用来进行精度为 IT12 ~ IT6 级工件的检测。

4. 使用百分表的注意事项

（1）百分表使用时应安装在专用表架或磁性表座上，如图 6-24 所示。

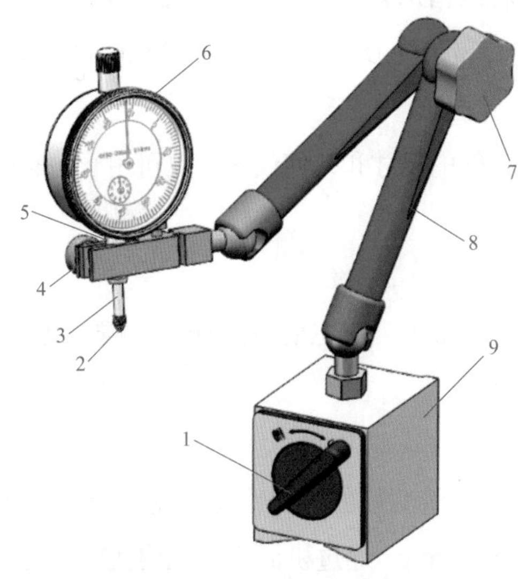

图 6-24　将百分表固定在磁性表座上

1—磁性旋钮开关　2—测头　3—测杆　4—带微调装置的夹表装置　5—轴套

6—百分表　7—紧固螺母　8—万向支臂　9—座体

（2）百分表装在表架上后，一般可通过转动圆表盘使指针处于零位。

（3）测量平面或圆柱形工件时，百分表的测头应与被测平面垂直或与圆柱形工件的轴线垂直；否则，百分表的测杆移动不灵活，测量结果不准确。

三、对称度误差的测量方法

在实际操作中，经常采用下述两种方法测量对称度误差：

1. 百分表相对测量法

如图 6-25a 所示，工件分别以 C 面和 D 面为基准表面放在标准平板上，先根据被测量尺寸 A 调整百分表的零位，然后测量尺寸 B，百分表的读数值即为对称度误差。

2. 游标卡尺绝对测量法

如图 6-25b 所示，用游标卡尺的深度尺分别测出工件外形基准表面 C、D 与被测量表面 2、1 之间的距离 A、B，其读数差值即为对称度误差。

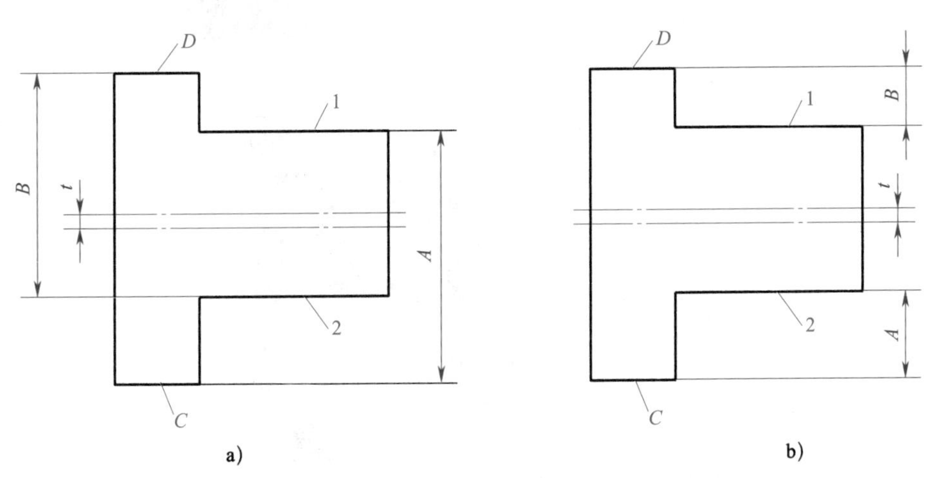

图 6-25　对称度误差的测量

a）百分表相对测量法　b）游标卡尺绝对测量法

说明：这两种测量方法简便、实用，仅适用于测量形状误差较小的工件，因此，在加工工件时要保证其平面度误差不超差。

四、对称工件的划线与对称度误差的测量方法

1. 对称工件的划线

如图 6-20 所示，对于具有对称平面的工件划线时，应在形成基准的两平行平面（定位键下侧大长方体两侧面）精加工后进行。划线基准要与对称度公差的基准重合，划线尺寸按对称度公差的被测要素和基准要素的公称尺寸计算得出。

2. 对称度误差的测量方法

对称度误差的测量一般可以用百分表并借助于精密平板和方箱来进行。在测量前，不

仅需要去除工件的毛刺，倒钝锐边，而且要把精密平板和方箱清理干净。在测量的过程中，首先测量凸台一侧的高度；然后将工件转过 180°，测量凸台另一侧的高度，计算两次测量的差值，即为该定位键凸台两侧的对称度误差，如图 6-26 所示。

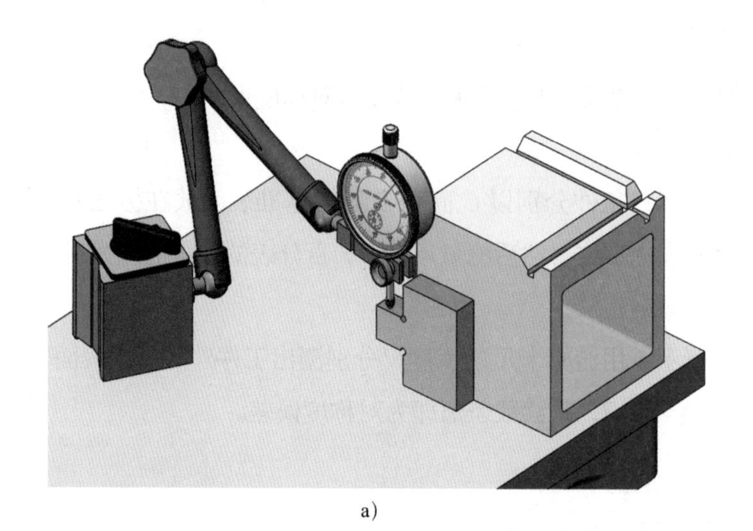

a)

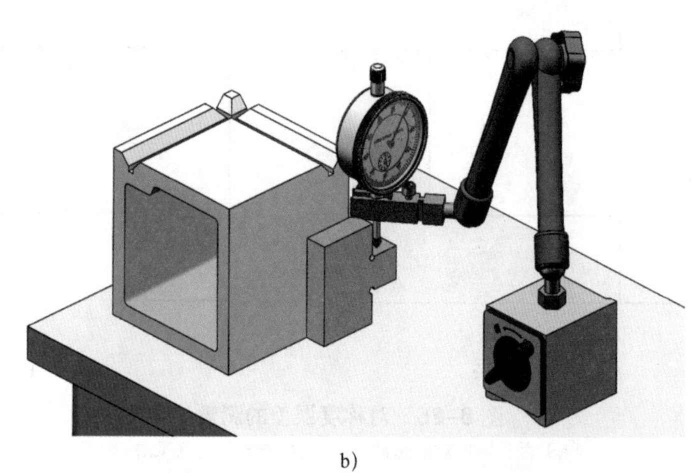

b)

图 6-26　用百分表测量对称度误差

任务实施

一、操作准备

1. 工具和量具：各种尺寸规格的锉刀（包括 250 mm 粗扁锉、200 mm 中扁锉、150 mm 细扁锉、三角锉等）、游标卡尺、游标高度卡尺、千分尺（测量范围为 0 ~ 25 mm、25 ~ 50 mm、50 ~ 75 mm）、刀口形直角尺、钢直尺、手锯、锯条等，如图 6-27 所示。

2. 辅助工具：软钳口衬垫、毛刷等，如图 6-27 所示。

3. 材料：从项目五任务二转来的铰孔后的铸铁件，每人一块。

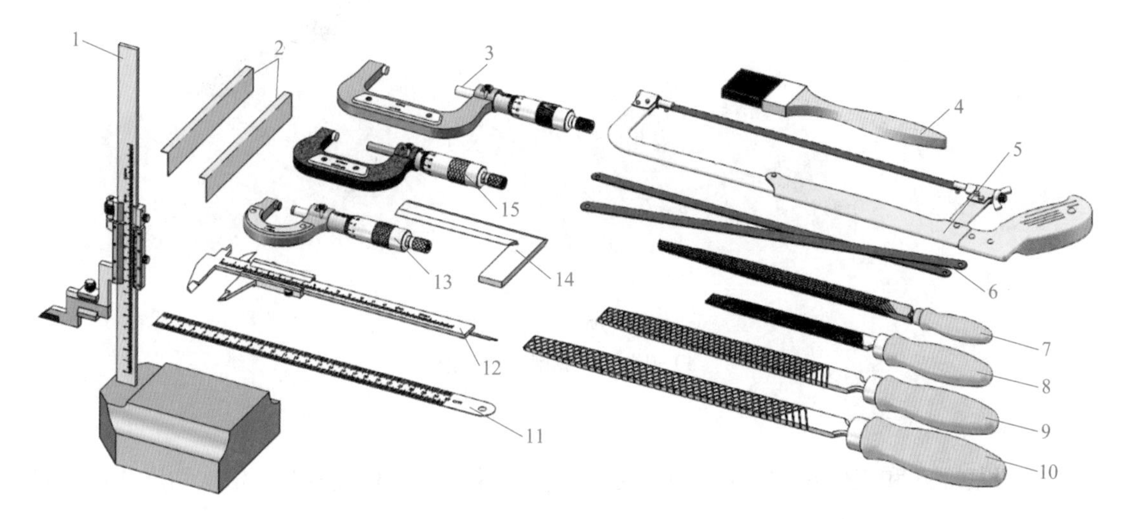

图 6-27　定位键加工操作准备

1—游标高度卡尺　2—软钳口衬垫　3—50 ~ 75 mm 千分尺　4—毛刷　5—手锯　6—锯条
7—三角锉　8—150 mm 细扁锉　9—200 mm 中扁锉　10—250 mm 粗扁锉　11—钢直尺
12—游标卡尺　13—0 ~ 25 mm 千分尺　14—刀口形直角尺　15—25 ~ 50 mm 千分尺

二、操作步骤

1. 加工前检验

用游标卡尺检查材料尺寸（60 mm × 78 mm × 15 mm），如图 6-28 所示。

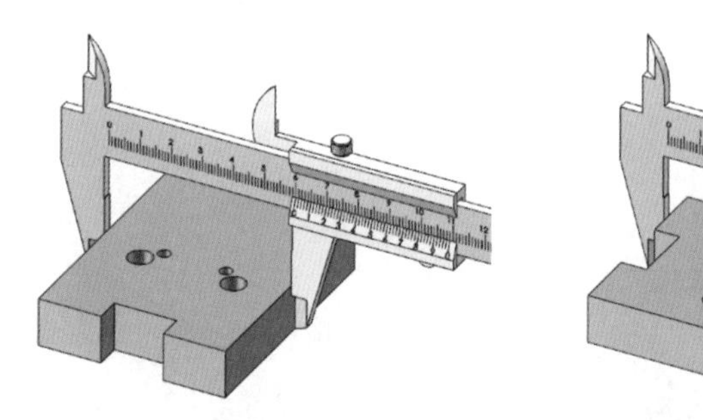

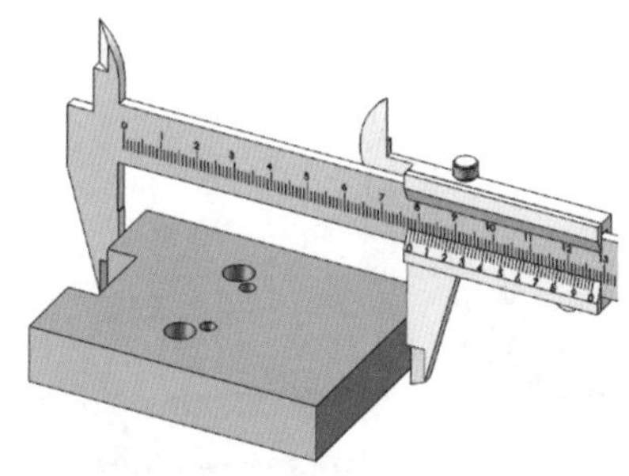

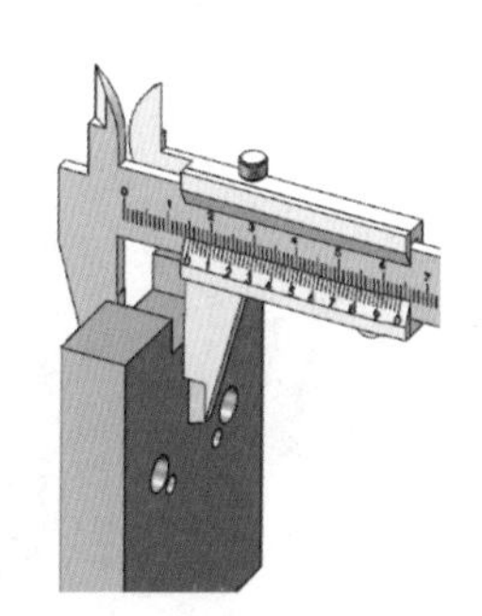

图 6-28　检查材料尺寸

2. 外形加工及检查

以图 6-20 中的 *B* 面为基准，用游标高度卡尺划出 60 mm × 60 mm 的外形加工线，通过锯削、锉削完成外形加工，如图 6-29 所示。要求尺寸精度为（60 ± 0.05）mm ×（60 ± 0.05）mm × 15 mm，平行度误差不大于 0.05 mm，垂直度误差不大于 0.03 mm，分别用游标卡尺和刀口形直角尺检查尺寸精度和垂直度误差。

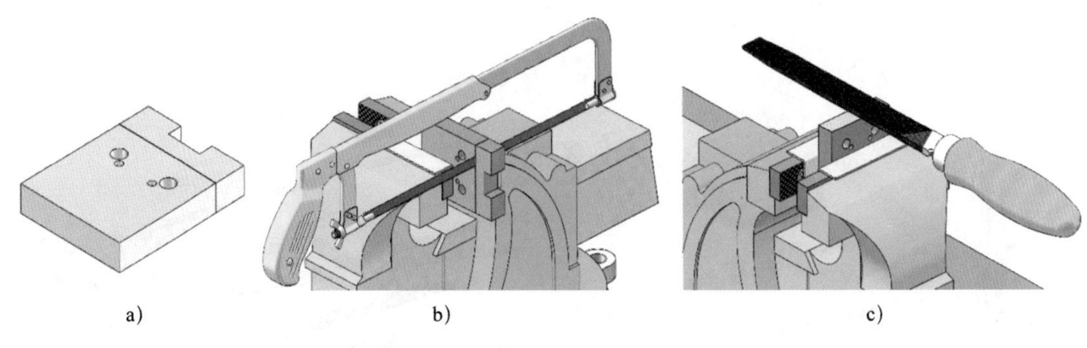

a)　　b)　　c)

图 6-29　外形加工

a）划线　b）锯削　c）锉削

3. 划线

选择基准 B 和工件对称中心线作为划线基准，采用双面划线方法，依次划出凸台各加工线，如图 6-30 所示。

4. 加工凸台

如图 6-31 所示，按划线锯去一直角部分，粗、精锉削两垂直面。根据高度尺寸（60 ± 0.05）mm，通过控制 40 mm 的尺寸误差（本处应控制在 60 mm$-20_{-0.05}^{\ 0}$ mm 的范围内），从而保证尺寸 $20_{-0.05}^{\ 0}$ mm；同样，根据宽度尺寸（60 ± 0.05）mm，通过控制 40 mm 处的尺寸处于最大控制尺寸和最小控制尺寸之间（本处应控制在$\frac{60}{2}$ mm$+10_{-0.050}^{+0.025}$ mm 的范围内），从而在保证尺寸 $20_{-0.05}^{\ 0}$ mm 的同时，又能保证其对称度误差不大于 0.1 mm。

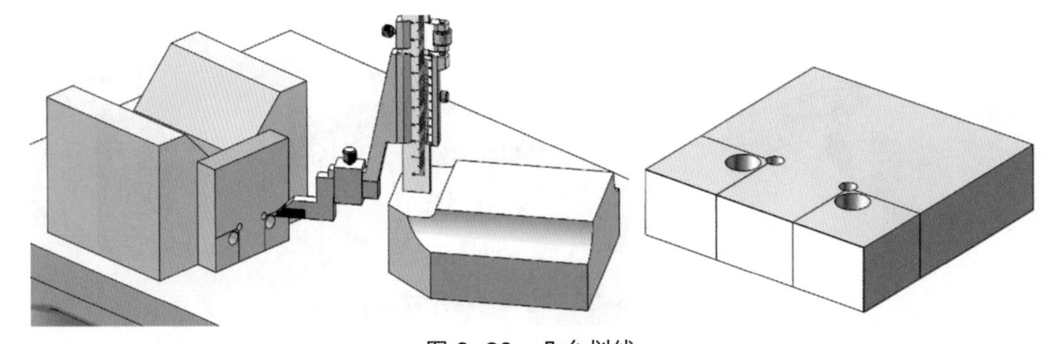

图 6-30　凸台划线

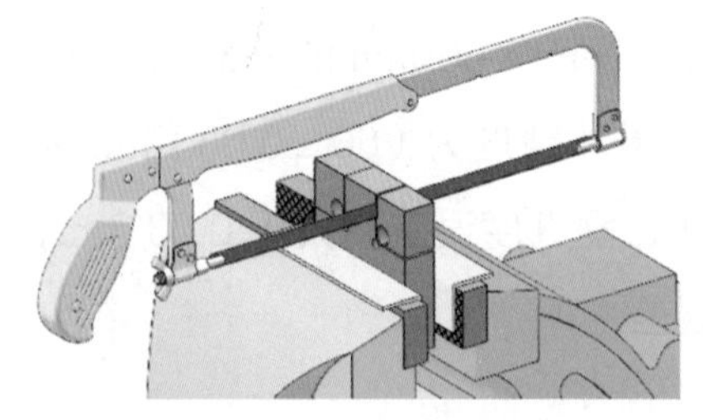

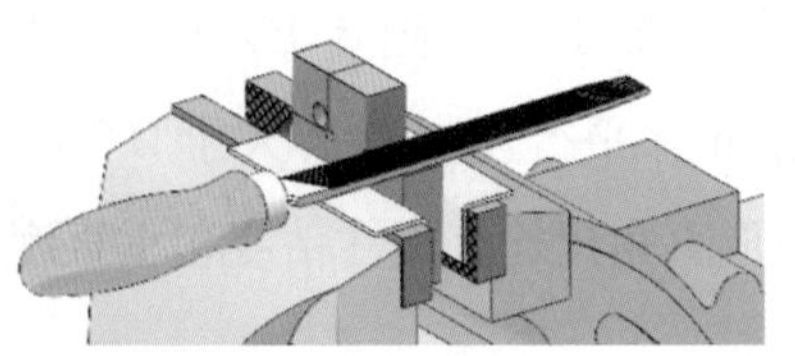

图 6-31　加工凸台的一边

如图 6-32 所示，按划线锯去另一直角部分，用上述方法控制并锉削至凸台高度尺寸 $20_{-0.05}^{\ 0}$ mm，至于凸台的宽度尺寸 $20_{-0.05}^{\ 0}$ mm，可直接用千分尺进行测量。

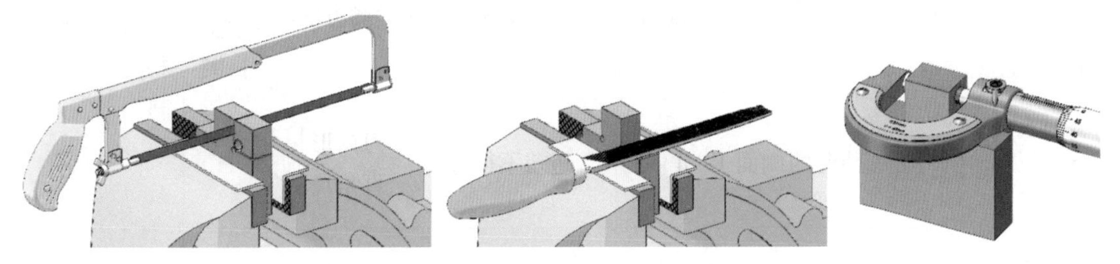

图 6-32　加工凸台的另一边

5. 修整及检验

倒钝锐边，检测各尺寸精度和几何精度。

三、操作提示

1. 为了能对凸台的对称度进行测量及控制，尺寸（60 ± 0.05）mm 必须测量准确，并取其各点实测的平均值。

2. 加工凸台时，不能把两边直角部分同时锯掉；否则会破坏加工时的测量基准。应先加工凸台的一角，达到精度要求后，再加工凸台的另一角。

3. 在整个加工过程中，加工面比较窄，但一定要锉平并保证加工面与基准面的垂直度，从而达到图样的技术要求。

评价反馈

定位键加工训练成绩评定见表 6-2。

表 6-2　定位键加工训练成绩评定

序号	项目与技术要求	配分	评分标准	检测方法	检测记录		得分
					学生自测	教师检测	
1	（60 ± 0.05）mm（2 处）	8 × 2	超差不得分	游标卡尺			
2	$20_{-0.05}^{\ 0}$ mm（凸台宽度）	8	超差不得分	千分尺			
3	$20_{-0.05}^{\ 0}$ mm（凸台高度）	8	超差不得分	游标卡尺			
4	▱ 0.03（2 处）	4 × 2	超差不得分	刀口形直角尺			

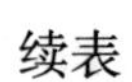

序号	项目与技术要求	配分	评分标准	检测方法	检测记录		得分
					学生自测	教师检测	
5	⊥ 0.03 B（凸台两侧面）	4×2	超差不得分	刀口形直角尺			
6	⊥ 0.03 C（凸台两侧面）	4×2	超差不得分	刀口形直角尺			
7	⌯ 0.1 A	14	超差不得分	游标卡尺			
8	// 0.05 A	6	超差不得分	游标卡尺			
9	// 0.05 B	6	超差不得分	游标卡尺			
10	⊥ 0.03 B	5	超差不得分	刀口形直角尺			
11	$Ra \leqslant 3.2\ \mu m$	8	不正确酌情扣分	表面粗糙度比较样块			
12	安全文明生产	5	不符合要求酌情扣分				
合计		100					

1. 什么是对称度？

2. 加工凸台时为什么不能将两边直角部分同时锯掉？